一维空间上动力系统的
绝对连续不变测度与斜率条件

李贞阳　著

科学出版社

北京

内 容 简 介

本书主要讨论混沌动力系统的遍历性质. 首先引入一类相对简单但特殊的系统, 讨论其不变测度的存在及稳定性, 突出动力系统对斜率条件的要求. 接着讨论了这一类系统的稳定性与斜率之间的关系, 从算子谱的角度分析了斜率参数与系统之间的关系, 引入调和平均条件并讨论了相关的收敛问题, 且给出了具体的常数计算.

本书可作为数学学院研究生或高年级本科生专业课教材, 也可作为相关方向科研工作者的参考资料.

图书在版编目(CIP)数据

一维空间上动力系统的绝对连续不变测度与斜率条件/李贞阳著. —北京：科学出版社, 2017.8

　　ISBN 978-7-03-054155-0

　　Ⅰ. ①—⋯　Ⅱ. ①李⋯　Ⅲ. ①动力系统(数学)-绝对连续-不变测度
　　Ⅳ. ①O19

中国版本图书馆 CIP 数据核字(2017) 第 196247 号

责任编辑: 王胡权 / 责任校对: 邹慧卿
责任印制: 吴兆东 / 封面设计: 正典设计

科 学 出 版 社 出版
北京东黄城根北街 16 号
邮政编码: 100717
http://www.sciencep.com

北京教园印刷有限公司 印刷
科学出版社发行　　各地新华书店经销

*

2017 年 8 月第　一　版　　开本: 720 × 1000 B5
2018 年 1 月第二次印刷　印张: 7
字数: 142 000

定价: 49.00 元
(如有印装质量问题, 我社负责调换)

前　　言

相对论、量子力学和混沌理论被一些科研工作者认为是 20 世纪的三项科学革命. 其中混沌理论的较完整提出晚于前两者, 混沌理论也需要更多的研究和认识. 简单来讲, 混沌理论研究那些对初始条件具有高度敏感依赖性的动力系统的特性.

自从 Isaac Newton(艾萨克·牛顿) 提出万有引力的假设并建立基本运动方程, 数学和物理不断取得巨大的成功. 科学家们建立许多模型来描述天体运行行为. 当解能够找到的时候, 它大都反映一个非常规则的运动: 如果这些微分方程的解是包含在一个有界的范围内, 最终它们要么因为能量的损失渐渐趋于某个稳定的状态, 要么做周期或拟周期运动. 从 19 世纪的后半叶开始, J. C. Maxwell(麦克斯韦), H. Poincaré(庞加莱), G. D. Birkhoff(伯克霍夫), J. E. Littlewood(李特尔伍德), S. Smale(斯梅尔) 和 A. N. Kolmogorov(柯尔莫哥洛夫) 等数学和物理学家做出了大量的工作, 推动了人们对自然界存在的另一种运动方式的认识和理解. 19 世纪 60 年代, J. C. Maxwell 做了著名的空气分子运动试验, 发现分子碰撞运动的结果具有不可预测性. 1890 年, H. Poincaré 发表了对三体问题的研究, 他建立一个简化的三体问题数学模型, 引入了动力系统中的极重要的分析方法: Poincaré映射. 其研究结果被称为是牛顿之后天体力学最重要的成就. 其研究的思想方法为后来的混沌理论奠定了重要基础.

在 20 世纪 70 年代, 科学家们开始认同第三种运动方式的存在, 现在大家称它为"混沌". 这一种运动方式是非常的不规则的, 不仅仅包含着相当大量的周期轨道, 也不一定是发生在一个包含着大量相互作用的物体或粒子的系统中. 这种复杂的运动也可以发生在很简单的系统中, 甚至是一维的系统. 混沌现象还可以出现在一个确定性的系统中, 这样的系统没有随机变量的出现, 但系统本身却呈现随机的性质. 这些系统都是非线性的动力系统. E. Lorenz(洛伦兹) 被很多科学家认为是现代混沌理论的奠基者. 他对混沌有着这样的总结: 混沌发生于当现在的状态决定了未来, 但是现状的近似却不能帮助我们近似地描述未来. 经典的混沌现象"蝴蝶效应"比较清晰的反映这一概念.

动力系统往往呈现出一些复杂的现象, 离散的系统虽然表面简单, 但不管是一维的还是高维空间的都呈现出来难以研究的性质. 用概率和统计的方法来观测一个动力系统慢慢成为一个该领域的有效工具, 遍历理论也由此逐渐发展起来, 从而促进近代以来混沌理论取得深刻的发展. 遍历理论, 研究保测变换的渐近性态的数学分支. 它起源于对统计力学提供基础的 "遍历假设" 的研究, 并与动力系统理论、概率论、信息论、泛函分析、数论等数学分支有着密切的联系. 遍历理论作为一个有效的工具, 从统计学的角度比较全面的研究系统的整体长期特性. 保测变换和不变测度是遍历理论较为核心的概念. 绝对连续不变测度也称为 "实体测度" 或 "可观测测度", 它是我们在做实验或数字模拟时可以观测得到的测度. 本书围绕保测变换及绝对连续不变测度展开.

1982 年 G. Keller 引入了一类图像类似于 W 的变换, 基于比较详细的分析, 猜想绝对连续不变测度的不稳定性只能是由于极限变换转折点附近出现了小的不变子集的缘故. 本书首先从引入一类 $W-$ 状变换开始, 否定这一猜想. 然后推广到更广泛的 $W-$ 状变换, 从而最终引入调和平均斜率条件, 此条件帮助我们可以解决一些相关的动力系统的探讨, 以及某些以前无法判断稳定性的变换. 并进而把调和平均斜率条件和 Rychlik 定理及 C. Liverani 等人的研究相结合.

本书在编写的过程中得到了许多的关心和帮助, 为此向 A. Boyarsky 教授、P. Gora 教授、H. Proppe 教授以及加拿大康考迪亚大学的动力系统研讨组成员表示感谢. 谢谢红河学院的支持. 谢谢自然科学基金 (11601136) 和红河学院博硕基金项目 (XJ16B07) 的支持.

由于作者本人能力有限, 疏漏与不足之处在所难免, 欢迎读者批评指正.

作　者

2017 年 3 月

目　　录

第1章 预 备 知 识

1.1 绝对连续不变测度和泛函空间

取 X 为一个带有距离的集合, 这里的 X 一般假设为一个紧距离空间, 即 X 的任意开覆盖可挑出有限子覆盖. 例如 (I^n, d), 其中 $I = [0,1]$, $n \in \mathbb{N}$, d 为欧氏距离. 设 $\mathfrak{B}$ 是由 X 的子集构成的一个 σ-代数:

(I) $\varnothing \in \mathfrak{B}$;

(II) 如果 $A \in \mathfrak{B}$, 则 $A^c \in \mathfrak{B}$;

(III) 如果 $A_n \in \mathfrak{B}$, $n \in \mathbb{N}$, 则 $\cup A_n \in \mathfrak{B}$.

定义 1.1.1 我们称函数 $\mu : \mathfrak{B} \to \mathbf{R}^+$ 为 $\mathfrak{B}$ 上的一个测度, 如果满足如下条件:

(I) $\mu(\varnothing) = 0$;

(II) 对任一个可测集序列 $\{B_n\}$, $B_n \in \mathfrak{B}$, $n = 1, 2, 3, \cdots$,

$$\mu\left(\bigcup_{n=1}^{\infty} B_n\right) = \sum_{n=1}^{\infty} \mu(B_n).$$

此时我们称 $(X, \mathfrak{B}, \mu)$ 为一个测度空间, 有时我们简单地称 X 是测度空间. 我们称 $\mathfrak{B}$ 中的集合为可测开集. 进一步, 如果 $\mu(X) = 1$, 我们称 X 是单位化测度空间或者称为概率空间.

定义 1.1.2 如果 X 可以表示为可数个具有有限测度的可测集的并, 我们称 μ 是 σ-有限的.

定义 1.1.3 假设我们已有两个测度 μ 和 ν, 都定义在同一个空间 $(X, \mathfrak{B})$ 上. 对任意的 $B \in \mathfrak{B}$ 且满足 $\nu(B) = 0$, 此时如果 $\mu(B) = 0$ 成立, 我们称 μ 相对于 ν 是绝对连续的, 记作 $\mu << \nu$.

定义 1.1.4 设 $1 \leqslant p < \infty$, $(X, \mathfrak{B}, \mu)$ 为一个测度空间. 考虑满足如下条件的实可测函数族 $f : X \to \mathbf{R}$: 在此函数族上, 按照几乎处处相等的意义来定义商空间,

从而可以定义一个赋范空间, 即: 对任一 f, 定义范数 $\|\cdot\|_p$ 为

$$\| f \|_p = \left(\int_X | f(x) |^p \, \mathrm{d}\mu \right)^{\frac{1}{p}}.$$

这就是我们常见的可测函数空间, 记为 $L^p(X, \mathfrak{B}, \mu)$, 当 X 和 $\mathfrak{B}$ 明确给出时, 我们常简记为 $L^p(\mu)$, 或者更为简单的 L^p(如果 μ 也明确给出).

　　Radon-Nikodym 定理作为一个重要的结论, 它告诉当 $\mu << \nu$ 时, 我们可以用 ν 来表示 μ.

　　定理 1.1.1　假设 μ 和 ν 是 $(X, \mathfrak{B})$ 上的两个单位测度. 如果 $\mu << \nu$, 那么存在唯一一个 $f \in \mathcal{L}^1(X, \mathfrak{B}, \nu)$, 使得对每一个集合 $A \in \mathfrak{B}$ 下式成立:

$$\mu(A) = \int_A f \, \mathrm{d}\nu.$$

这个函数 f 被称为 Radon-Nikodym 导数, 记作 $\dfrac{\mathrm{d}\mu}{\mathrm{d}\nu}$.

　　我们称完备的赋范线性空间 $(Y, \|\cdot\|)$ 为 Banach(巴拿赫) 空间. 例如前面提到的可测函数空间 L^p, 以及后面我们需要经常讨论的有界变差函数空间 $BV([a,b])$. 赋范线性空间 Y 上的全部有界线性泛函组成了 Y 的对偶空间 Y^*, 它为 Banach 空间. 同时可以类似定义 Y 的二次对偶空间 $Y^{**} = (Y^*)^*$.

　　定义 1.1.5　（Ⅰ）设 $\{y_n\} \subset Y, y \in Y$, 若有 $\lim\limits_{n \to \infty} \| y_n - y \| = 0$, 则称 $\{y_n\}$ 强收敛于 y.

　　（Ⅱ）设 $\{y_n\} \subset Y, y \in Y$, 若对任意 $f \in Y^*$ 有 $\lim\limits_{n \to \infty} | f(y_n) - f(y) | = 0$, 则称 $\{y_n\}$ 弱收敛于 y.

　　（Ⅲ）设 $\{f_n\} \subset Y^*, f \in Y^*$, 若对任意 $y \in Y$ 有 $\lim\limits_{n \to \infty} | f_n(y) - f(y) | = 0$, 则称 $\{f_n\}$ 弱 $*$ 收敛于 f.

1.2　混沌现象和混沌的概念

　　混沌的概念在数学和物理上的定义比较多, 我们这里引用 R. L. Devaney 在 [Devaney, 2003] 中的定义.

　　定义 1.2.1　我们称一个映射 $\tau : X \to X$ 是混沌的, 如果它满足以下三个条件:

（Ⅰ）对初始值的敏感依赖性. 对初始值任意小的改动或扰动, 系统未来的轨道会产生十分明显的差异, 轨道的性质也截然不同. 混沌动力系统的这个特点直接导致了系统具有不可预知性. 即: 存在 $\delta > 0$, 使得对任意的 $x \in X$ 及其邻域 U, 能够找到 $y \in X$ 及整数 $n \geqslant 0$, 满足

$$|\tau^n(x) - \tau^n(y)| > \delta;$$

（Ⅱ）拓扑传递性. 有时候也被称作拓扑混合性. 任意在相平面中取一个开集, 它在系统不断演化下的象定会与相平面上的另一开集相交. 即: 对 X 中的任意两个开集 U 和 V, 存在整数 $n > 0$ 使得

$$\tau^n(U) \cap V \neq \varnothing;$$

（Ⅲ）具有稠密的周期轨道. 即 τ 的所有周期点集合在 X 中是稠密的. 一个点 $x \in X$ 被称作是周期点, 如果存在整数 $n > 0$ 使得 $\tau^n(x) = x$. 我们称点集 $\{\tau^n(x_0)\}_{n \geqslant 0}$ 为动力系统的一条初始值为 x_0 的轨道. 这里的 τ^n 表示 τ 的 n 次迭代, 在下一节会有更多的讨论.

下面我们来讨论一个很广为人知的例子. 考虑如下的二次映射, 也叫做 Logistic 映射:

$$\tau_4(x) = 4x(1 - x), \quad x \in [0, 1].$$

它的图形我们画在图 1.1 中. 并且用虚线画出了初始值 $x_0 = 0.235632$ 的最初几个轨道值. 为了画出该轨道值, 我们采用了如下方法: 设所取初始值为 x_0, 其轨道为

$$x_0, x_1 = \tau_4(x_0), x_2 = \tau_4^2(x_0), \cdots, x_n = \tau_4^n(x_0),$$

那么我们在图像上依次用虚线连接如下的点:

$$(x_0, x_1), (x_1, x_1), (x_1, x_2), (x_2, x_2), (x_2, x_3), \cdots, (x_{n-1}, x_n).$$

为了方便, 我们画出了对角线.

在图 1.2 中, 我们取初始值 $x_0 = 0.235632$, 并画出其最初的 100 个轨道值. 同时在图 1.3 中, 我们取初始值 $x_0 = 0.23563$, 并画出其最初的 100 个轨道值. 横轴表示迭代的次数 (时刻), 纵轴表示迭代值 (状态). 我们可以看出, 虽然初始值的差别只有 2×10^{-6}, 但轨道的差别却很大. 这就反映了混沌概念里面的第（Ⅰ）条.

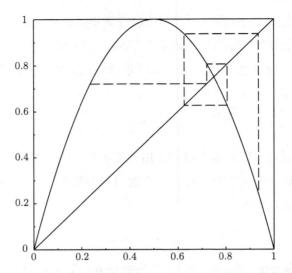

图 1.1　Logistic 映射及初始值 $x_0 = 0.235632$ 的最初几个轨道值

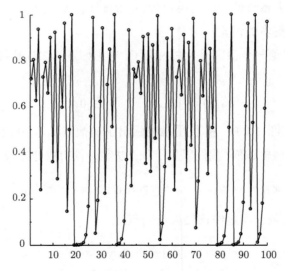

图 1.2　Logistic 映射取初始值 $x_0 = 0.235632$ 时的最初 100 个轨道值

　　在图 1.4 中, 我们画出了初始值 $x_0 = 0.235632$ 对应的最初 200 个轨道值, 可以看出其轨道已经快要充满相空间, 如果继续增加迭代时间, 此种情形就更加明显. 其他的初始值也有类似的性质. 这也就反映出来混沌概念里面的第 (II) 条.

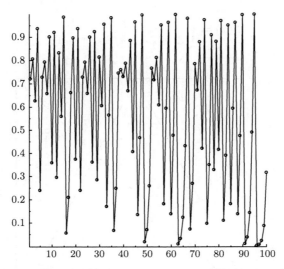

图 1.3   Logistic 映射取初始值 $x_0 = 0.23563$ 时的最初 100 个轨道值

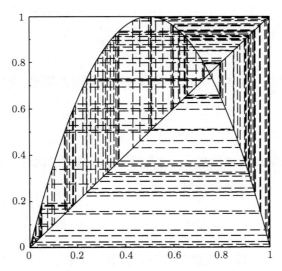

图 1.4   Logistic 映射取初始值 $x_0 = 0.235632$ 时的最初 200 个轨道值

而混沌概念里面的第 (III) 条, 需要通过解方程

$$\tau_4^n(x) = x$$

来演示, 但求解高次方程的解并不是一件容易的事情, 感兴趣的读者可以参考 Devaney 的书 [Devaney, 2003]. 实际上, 容易看出帐篷映射

$$T(x) = \begin{cases} 2x, & 0 \leqslant x < 1/2; \\ 2 - 2x, & 1/2 \leqslant x \leqslant 1 \end{cases} \tag{1.1}$$

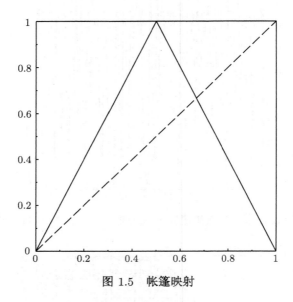

图 1.5　帐篷映射

具有稠密的周期轨道. 而 Logistic 映射与帐篷映射是共轭的, 即: 存在可逆函数 φ 使得

$$\tau_4(\varphi(x)) = \varphi(T(x)).$$

从而它们有着类似的动力学性质. 但这是另一个比较大的内容, 我们不在这里展开. 同时我们也可以用 Logistic 类映射

$$\tau_\alpha(x) = \alpha x(1 - x), \quad \alpha \in (0, 4]$$

的分支图形来说明 Logistic 映射的轨道复杂性, 参见图 1.6. 横坐标代表参数 α 的取值, 纵坐标代表对应该参数值时的映射 τ_α 的轨道集, 即在垂直方向放置点集 $\{\tau_\alpha^n(x_0)\}_{n \geqslant 0}$, 初始值 x_0 在 $[0, 1]$ 上随机取得.

　　现在我们来从另一个角度来观察这些轨道, 当迭代时间较长时, 我们很难知道轨道的具体位置, 但我们可以来考虑一条轨道在 $[0, 1]$ 上的分布, 即考虑这些点为随机变量的取值. 我们在图 1.7 和图 1.8 中分别画出了两个不同初始值 $x_0 = 0.235632$ 和 $x_0 = 0.23563$ 的最初 500 个轨道值所对应的直方图, 均将区间 $[0, 1]$ 平均分为 50

个小区间. 此时可以看出它们呈现出了一些相似. 这就给我们提供了一个重要的研究动力系统的工具——密度函数 (测度).

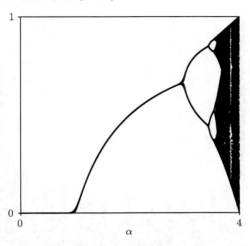

图 1.6 Logistic 类映射的分支图

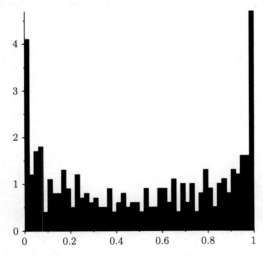

图 1.7 Logistic 映射取初始值 $x_0 = 0.235632$ 时的最初 500 个轨道值所对应的直方图

实际上, 映射 τ_4 具有不变密度函数

$$f(x) = \frac{1}{\pi\sqrt{x(1-x)}}, \quad x \in [0, 1],$$

其图像见图 1.9. 可以看出上面所提到的两个轨道都呈现出类似于该密度函数的性

质. 而不变密度和不变测度的概念是研究动力系统的核心, 我们在后面会有更详尽
的叙述.

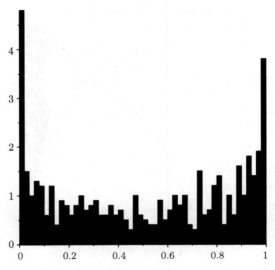

图 1.8　Logistic 映射取初始值 $x_0 = 0.23563$ 时的最初 500 个轨道值所对应的直方图

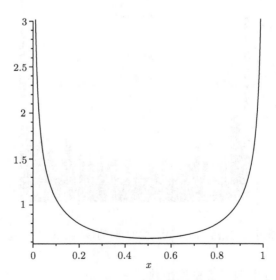

图 1.9　Logistic 映射的不变密度函数

1.3　遍历理论的几个定理

下面我们引入保测度变换的概念.

定义 1.3.1　我们称一个可测变换 $\tau : X \to X$ 保持测度 μ, 如果对任一 $B \in \mathfrak{B}$, 等式 $\mu(\tau^{-1}(B)) = \mu(B)$ 成立. 此时我们也称 μ 是 τ-不变测度.

假设 ν 是参照测度, μ 是不变测度, 并且 $\mu << \nu$, 那么我们称 μ 是一个绝对连续不变测度. 在本书和实际讨论中 ν 大都是 Lebesgue(勒贝格) 测度. 下面我们给出我们所要讨论的动力系统的定义.

定义 1.3.2　设 $\tau : X \to X$ 保持测度 μ. 我们称 $(X, \mathfrak{B}, \mu, \tau)$ 为一个动力系统.

设 $\tau : X \to X$ 是一个保测度变换. 我们用 τ^n 表示它的 n 次迭代, 其中 $n \in \mathbb{N}$, 即: 若 $x \in X$, 则 $\tau^n(x) = \tau \circ \cdots \circ \tau(x)$, 表示连续复合了 n 次. 我们称点集 $\{\tau^n(x)\}_{n \geqslant 0}$ 为动力系统的一条初始值为 x 的轨道. 我们研究动力系统, 特别关注这些轨道. 著名的 Poincaré 回归定理表明, 一个动力系统经过足够长的迭代后, 轨道就会回归到初始状态附近.

定理 1.3.1　设 τ 是一个单位测度空间 $(X, \mathfrak{B}, \mu)$ 上的一个保测度变换. $E \in \mathfrak{B}$ 且 $\mu(E) > 0$. 则当我们对 τ 迭代时, E 中几乎所有的点的轨道都会无限多次回归到 E 中, 即:

$$\mu\left(\{x \in E \mid \text{存在 } N \text{ 使得只要 } n > N \text{ 就有 } \tau^n(x) \notin E\}\right) = 0.$$

定义 1.3.3　设变换 $\tau : (X, \mathfrak{B}, \mu) \to (X, \mathfrak{B}, \mu)$ 保持测度 μ; 我们称它是

（Ⅰ）遍历的, 对每一个满足 $\tau^{-1}(B) = B$ 的集合 $B \in \mathfrak{B}$, 我们有 $\mu(B) = 0$ 或者 $\mu(X \backslash B) = 0$;

（Ⅱ）混合的, 如果对所有的 A, $B \in \mathfrak{B}$, 当 $n \to \infty$ 时, 有 $\mu(\tau^{-n}(A) \cap B) \to \mu(A)\mu(B)$;

（Ⅲ）正则的, 如果对所有的 $B \in \mathfrak{B}, \tau(B) \in \mathfrak{B}$, 且 $\mu(B) > 0$, 有 $\lim\limits_{n \to \infty} \mu(\tau^n(A)) = 1$.

遍历性是非常有用的一个概念, 它揭示了保测度变换的不可分解性质, 不能进一步分成互不作用的子系统. 我们引入一些其他与遍历性等价的性质 [Boyarsky and Góra, 1997]:

定理 1.3.2　设 $\tau : (X, \mathfrak{B}, \mu) \to (X, \mathfrak{B}, \mu)$ 保持测度. 那么下面的表述是等价的:

（Ⅰ）τ 遍历的;

（Ⅱ）如果 f 是可测函数且 $(f \circ \tau)(x) = f(x)$ 几乎处处成立, 那么 f 几乎处处为常数;

（Ⅲ）如果 $f \in L^2(\mu)$ 且 $(f \circ \tau)(x) = f(x)$ 几乎处处成立, 那么 f 几乎处处为常数.

下面的 Birkhoff 遍历定理 [Birkhoff, 1931] 是遍历理论中的基本定理.

定理 1.3.3　假设 $\tau : (X, \mathfrak{B}, \mu) \to (X, \mathfrak{B}, \mu)$ 保持测度, 其中 $(X, \mathfrak{B}, \mu)$ 是 σ-有限的, 且 $f \in \mathcal{L}^1(\mu)$. 那么存在一个函数 $f^* \in \mathcal{L}^1(\mu)$ 使得

$$\frac{1}{n} \sum_{k=0}^{n-1} f(\tau^k(x)) \to f^*, \ \mu\text{-a.e.}$$

而且,

$$f^* \circ \tau = f^*, \ \mu\text{-a.e.}$$

进一步地, 如果 $\mu(X) < \infty$, 则

$$\int_X f^* \, \mathrm{d}\mu = \int_X f \, \mathrm{d}\mu$$

由定理 1.3.2, 我们得到如下的推论.

推论 1.3.1　如果 τ 是遍历的, 那么 f^* 是常数函数 μ-a.e.. 此外, 如果 $\mu(X) < \infty$ 那么

$$f^* = \frac{1}{\mu(X)} \int_X f \, \mathrm{d}\mu \ \text{a.e.}$$

由此, 如果 $\mu(X) = 1$ 且 τ 是遍历的, 那么对集合 $E \in \mathfrak{B}$ 我们有

$$\frac{1}{n} \sum_{k=0}^{n-1} \chi_E(\tau^k(x)) \to \mu(E), \ \mu\text{-a.e.},$$

由此对 X 中几乎每一个点, 其轨道出现在 E 中的渐进相对频率为 $\mu(E)$.

定理 1.3.3 和推论 1.3.1 表明, 对一个遍历变换 $\tau : (X, \mathfrak{B}, \mu) \to (X, \mathfrak{B}, \mu)$, 我们有如下等式

$$\lim_{n \to +\infty} \frac{1}{n} \sum_{k=0}^{n-1} f(\tau^k(x)) = \frac{1}{\mu(X)} \int_X f \, \mathrm{d}\mu \ \text{a.e.},$$

即, $f \in \mathcal{L}^1(\mu)$ 的时间平均值等于它的空间平均值.

定义 1.3.4　我们称一个映射 $\tau : (X, \mathfrak{B}, \mu) \to (X, \mathfrak{B}, \mu)$ 是弱混合的, 如果对任意的 $A, B \in \mathfrak{B}$ 有

$$\lim_{n \to \infty} \frac{1}{n} \sum_{i=0}^{n-1} \mid \mu(\tau^{-i}(A) \cap B) - \mu(A)\mu(B) \mid = 0.$$

1.4　有界变差函数和 Frobenius-Perron 算子

首先我们介绍函数 $f : [a, b] \to \mathbf{R}$ 的全变差概念.

定义 1.4.1　设 $f : [a, b] \to \mathbf{R}$ 是一个函数. f 在区间 $[a, b]$ 上的全变差定义为下式表示的值:

$$\bigvee_{[a,b]} f = \sup_{\mathcal{P}} \left\{ \sum_{k=1}^{n} |f(x_k) - f(x_{k-1})| \right\},$$

其中 sup 取遍区间 $[a, b]$ 的所有分割 $\mathcal{P}$.

在区间 $[a, b]$ 上的所有有界变差函数构成 $\mathbf{R}$ 上的线性空间, 记为

$$BV([a, b]) = \left\{ f \in \mathcal{L}^1([a, b]) \mid \inf_{f_1 = f \text{a.e.}} \bigvee_{[a,b]} f_1 < \infty \right\}.$$

$BV([a, b])$ 上的范数定义如下: 对任一 $f \in BV([a, b])$,

$$\| f \|_{BV} = \| f \|_1 + \inf_{f_1 = f \text{a.e.}} \bigvee_{[a,b]} f_1.$$

设 X 是一个区间, 记为 $I = [a, b]$. 我们用 L 来表示 Lebesgue 测度. 取 $A \in \mathfrak{B}$, 如果 $L(A) = 0$ 意味着 $L(\tau^{-1}(A)) = 0$, 则我们称变换 $\tau : I \to I$ 是非奇异的. 此时也就意味着测度 $L \circ \tau^{-1}$ 关于 L 是绝对连续的. 借助于定理 1.1.1, 我们定义 Frobenius-Perron 算子为

定义 1.4.2　设 $\tau : I \to I$ 是一个非奇异变换. 对一个可积函数 $f \in \mathcal{L}^1([a, b])$, 由定理 1.1.1, 在 $\mathcal{L}^1([a, b])$ 存在唯一的一个函数, 记为 $P_\tau f$, 使得下式对任意的 $A \in \mathfrak{B}$ 成立:

$$\int_A P_\tau f \mathrm{d}L = \int_{\tau^{-1}(A)} f \mathrm{d}L.$$

$P_\tau : \mathcal{L}^1([a, b]) \to \mathcal{L}^1([a, b])$ 被称为 Frobenius-Perron 算子.

如果想了解更多的细节, 感兴趣的读者可以参考文献[Boyarsky and Góra, 1997].
我们从概率密度的角度来分析 Frobenius-Perron 算子的意义.

设 $A_0 \subset I$ 为一个子区间. 取一列初始状态值

$$\left\{x_0^1, x_0^2, \cdots, x_0^N\right\},$$

N 为足够大的正整数. 假设这些初始状态值的密度函数为 f_0, 经过一次 τ 的迭代
之后, 这些状态值变为

$$\left\{x_1^1 = \tau(x_0^1), x_1^2 = \tau(x_0^2), \cdots, x_1^N = \tau(x_0^N),\right\},$$

现在假设这些新状态值得密度函数为 f_1, 此时有

$$\int_{A_0} f_1(x)\mathrm{d}x \approx \frac{1}{N}\sum_{k=1}^N \chi_{A_0}(x_k^1) = \frac{1}{N}\sum_{k=1}^N \chi_{\tau^{-1}(A_0)}(x_k^0). \tag{1.2}$$

同时也有

$$\int_{\tau^{-1}(A_0)} f_0(x)\mathrm{d}x \approx \frac{1}{N}\sum_{k=1}^N \chi_{\tau^{-1}(A_0)}(x_k^0). \tag{1.3}$$

等式 (1.2) 和式 (1.3) 反映出 f_0 和 f_1 之间的关系. 我们记 $f_1 := P_\tau f_0$, 则有:

$$\int_{A_0} P_\tau f_0(x)\mathrm{d}x = \int_{\tau^{-1}(A_0)} f_0(x)\mathrm{d}x. \tag{1.4}$$

特殊地, 如果取 $A_0 = [a, x]$, 即一个区间, 那么对 $f \in \mathcal{L}^1([a,b])$, Frobenius-Perron 算
子可以比较具体的写为

$$P_\tau f(x) = \frac{\mathrm{d}}{\mathrm{d}x}\int_{\tau^{-1}([a,x])} f(t)\mathrm{d}t = \sum_{y \in \tau^{-1}([a,x])} \frac{f(y)}{|\tau'(y)|}. \tag{1.5}$$

例 1.4.1 对前面讨论的 Logistic 映射 τ_4, 我们有

$$\tau_4^{-1}([0, x]) = \left[0, \frac{1 - \sqrt{1-x}}{2}\right] \cup \left[\frac{1 + \sqrt{1-x}}{2}, 1\right],$$

由此可得

$$P_{\tau_4} f(x) = \frac{\mathrm{d}}{\mathrm{d}x}\left(\int_0^{\frac{1-\sqrt{1-x}}{2}} f(t)\mathrm{d}t + \int_{\frac{1+\sqrt{1-x}}{2}}^1 f(t)\mathrm{d}t\right),$$

也就是

$$P_{\tau_4} f(x) = \frac{1}{4\sqrt{1-x}}\left(f\left(\frac{1 - \sqrt{1-x}}{2}\right) + f\left(\frac{1 + \sqrt{1-x}}{2}\right)\right).$$

正如我们在前面指出的, 我们可以检验函数

$$f(x) = \frac{1}{\pi\sqrt{x(1-x)}}$$

满足

$$P_{\tau_4} f(x) = f(x).$$

即得到映射 τ_4 的不变密度函数.

例 1.4.2 考虑前文提到的帐篷映射 T, 我们有

$$T^{-1}([0,x]) = \left[0, \frac{x}{2}\right] \cup \left[\frac{2-x}{2}, 1\right],$$

由此可得

$$P_T f(x) = \frac{\mathrm{d}}{\mathrm{d}x} \left(\int_0^{\frac{x}{2}} f(t)\mathrm{d}t + \int_{\frac{2-x}{2}}^1 f(t)\mathrm{d}t \right),$$

也就是:

$$P_T f(x) = \frac{1}{2} \left(f\left(\frac{x}{2}\right) + f\left(\frac{2-x}{2}\right) \right).$$

很容易验证, 函数

$$f(x) = 1$$

满足

$$P_T f(x) = f(x).$$

即得到映射 T 的不变密度函数.

例 1.4.3 考虑映射

$$T_1(x) = \begin{cases} 2x, & 0 \leqslant x < 1/2; \\ 2x - 1, & 1/2 \leqslant x \leqslant 1. \end{cases} \tag{1.6}$$

我们有

$$T_1^{-1}([0,x]) = \left[0, \frac{x}{2}\right] \cup \left[\frac{x+1}{2}, 1\right],$$

由此可得

$$P_{T_1} f(x) = \frac{\mathrm{d}}{\mathrm{d}x} \left(\int_0^{\frac{x}{2}} f(t)\mathrm{d}t + \int_{\frac{x+1}{2}}^1 f(t)\mathrm{d}t \right),$$

也就是

$$P_T f(x) = \frac{1}{2}\left(f\left(\frac{x}{2}\right) + f\left(\frac{x+1}{2}\right)\right).$$

很容易验证, 函数

$$f(x) = 1$$

满足

$$P_{T_1} f(x) = f(x).$$

即得到映射 T_1 的不变密度函数. 该例子也说明, 不同的映射可以保持相同的不变密度函数.

例 1.4.4 考虑映射

$$T_2(x) = \begin{cases} 2x, & 0 \leqslant x < 1/4; \\ 1 - 2x, & 1/4 \leqslant x < 1/2; \\ 2 - 2x, & 1/2 \leqslant x < 3/4; \\ 2x - 1, & 3/4 \leqslant x \leqslant 1. \end{cases} \tag{1.7}$$

它的图像参见图 1.10. 该系统可以分为两个不变子系统, 分别位于左下角和右上角, 它们各自保持的不变密度函数为

$$f_1(x) = 2\chi_{[0,1/2]}(x)$$

及

$$f_2(x) = 2\chi_{[1/2,1]}(x).$$

由此 f_1 和 f_2 的任意凸组合

$$\lambda f_1 + (1 - \lambda)f_2$$

均为 T_2 的不变密度. 该例子一方面说明存在一些系统保持不唯一的不变密度, 同时也体现出来我们研究遍历系统的原因, 遍历系统具有不可分割性.

例 1.4.5 设 $\tau(x) = 10x(\mathrm{mod}1)$, $x \in [0,1]$. 则其 Frobenius-Perron 算子 P_τ 的不动点为常数函数 1, 即 τ 保持 Lebesgue 测度不变. 记 $A_i = \left[\dfrac{i-1}{10}, \dfrac{i}{10}\right)$, $i = 1, 2, \cdots, 10$. 由 Birkhoff 遍历定理 (定理 1.3.3) 可知

$$\lim_{n \to \infty} \frac{1}{n} \sum_{k=0}^{n-1} \chi_{A_i}(\tau^k(x)) = \frac{1}{10},$$

该式对 $[0,1]$ 上几乎所有的数都成立, 这一性质就是有名的 Borel 正规数定理:

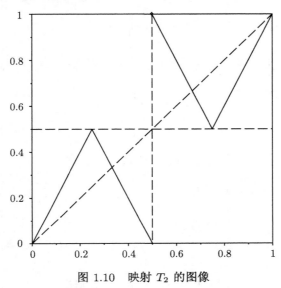

图 1.10 映射 T_2 的图像

定理 1.4.1 相对于 Lebesgue 测度, $[0,1]$ 上几乎所有的数, 其十进制展开式中每一个数字的出现频率是 $\dfrac{1}{10}$, 也就是说 $[0,1]$ 上几乎所有的数都是正规数.

但是, 到目前为止, π 是否是一个正规数尚未被完全解决.

下面我们给出一些关于 Frobenius-Perron 算子的性质. 在此之前, 我们先引入一个 Koopman 算子: $U_\tau : \mathcal{L}^\infty \to \mathcal{L}^\infty$, 其定义为

$$U_\tau g = g \circ \tau, \quad g \in \mathcal{L}^\infty.$$

同时我们引入记号:

$$\langle f, g \rangle = \int_I f g \, \mathrm{d}L, \quad f \in \mathcal{L}^1, g \in \mathcal{L}^\infty.$$

命题 1.4.1 (I) $P_\tau : \mathcal{L}^1 \to \mathcal{L}^1$ 是线性算子.

(II) $P_\tau : \mathcal{L}^1 \to \mathcal{L}^1$ 是正算子, 即: 如果 $f \in \mathcal{L}^1$ 且 $f \geqslant 0$, 那么

$$P_\tau f \geqslant 0.$$

(III) P_τ 保持积分, 即

$$\int_I P_\tau f \, \mathrm{d}L = \int_I f \, \mathrm{d}L.$$

(IV) P_τ 有压缩性, 即: 如果 $f \in \mathcal{L}^1$, 则

$$\| P_\tau f \| \leqslant \| f \| .$$

(V) 如果有 I 上的两个非奇异的映射 τ, σ, 那么

$$P_{\tau \circ \sigma} f = P_\tau \circ P_\sigma f.$$

特殊地, 我们有

$$P_{\tau^n} f = P_\tau^n f.$$

(VI) 如果 $f \in \mathcal{L}^1$, $g \in \mathcal{L}^\infty$, 那么

$$\langle P_\tau f, g \rangle = \langle f, U_\tau g \rangle,$$

即

$$\int_I (P_\tau f) g \mathrm{d}L = \int_I f(U_\tau g) \mathrm{d}L.$$

证明 （I）设 α, β 为两个实数, 设 $\triangle \in \mathfrak{B}$ 为一个可测集. 取函数 $f, h \in \mathcal{L}^1$, 我们可以得到

$$\begin{aligned}
\int_\triangle P_\tau(\alpha f + \beta h) \mathrm{d}L &= \int_{\tau^{-1}(\triangle)} \alpha f + \beta h \mathrm{d}L \\
&= \int_{\tau^{-1}(\triangle)} \alpha f \mathrm{d}L + \int_{\tau^{-1}(\triangle)} \beta h \mathrm{d}L \\
&= \alpha \int_{\tau^{-1}(\triangle)} f \mathrm{d}L + \beta \int_{\tau^{-1}(\triangle)} h \mathrm{d}L \\
&= \alpha \int_\triangle P_\tau f \mathrm{d}L + \beta \int_\triangle P_\tau h \mathrm{d}L \\
&= \int_\triangle \alpha P_\tau f + \beta P_\tau h \mathrm{d}L .
\end{aligned}$$

由 $\triangle$ 的任意性可知

$$P_\tau(\alpha f + \beta h) = \alpha P_\tau f + \beta P_\tau h, \quad \text{a.e.}$$

（II）设 $\triangle \in \mathfrak{B}$ 为一个可测集, 从而得到

$$\int_\triangle P_\tau f \mathrm{d}L = \int_{\tau^{-1}(\triangle)} f \mathrm{d}L \geqslant 0,$$

由 $\triangle$ 的任意性可知 $P_\tau f \geqslant 0$.

(III) 由定义可知

$$\int_I P_\tau f \mathrm{d}L = \int_{\tau^{-1}(i)} f \mathrm{d}L = \int_I f \mathrm{d}L.$$

(IV) 取 $f \in \mathcal{L}^1$, 记

$$f^+ = \max\{0, f\}, \ f^- = \max\{0, -f\}.$$

那么 $f^+ \in \mathcal{L}^1$, $f^- \in \mathcal{L}^1$, 且

$$f = f^+ - f^-, \ |f| = f^+ + f^-.$$

由 P_τ 的线性性质可知

$$
\begin{aligned}
\mid P_\tau f \mid &= \mid P_\tau(f^+ - f^-) \mid \\
&= \mid P_\tau f^+ - P_\tau f^- \mid \\
&\leqslant \mid P_\tau f^+ \mid + \mid P_\tau f^- \mid \\
&= P_\tau f^+ + P_\tau f^- \\
&= P_\tau(f^+ + f^-) \\
&= P_\tau \mid f \mid,
\end{aligned}
$$

进而由第 (III) 条得到

$$
\begin{aligned}
\parallel P_\tau f \parallel_1 &= \int_I \mid P_\tau(f^+ - f^-) \mid \mathrm{d}L \\
&\leqslant \int_I P_\tau \mid f \mid \mathrm{d}L \\
&= \int_I \mid f \mid \mathrm{d}L \\
&= \parallel f \parallel_1.
\end{aligned}
$$

(V) 由于 τ, σ 均为非奇异的映射, 所以它们的复合 $\tau \circ \sigma$ 也是非奇异的. 任取 $\triangle \in \mathfrak{B}$, 从 Frobenius-Perron 算子的定义可得:

$$\int_{\triangle} P_{\tau \circ \sigma} f \mathrm{d}L = \int_{(\tau \circ \sigma)^{-1}(\triangle)} f \mathrm{d}L$$

$$= \int_{\sigma^{-1}(\tau^{-1}(\triangle))} f \mathrm{d}L$$

$$= \int_{\tau^{-1}(\triangle)} P_{\sigma} f \mathrm{d}L$$

$$= \int_{\triangle} P_{\tau}(P_{\sigma} f) \mathrm{d}L.$$

由 $\triangle$ 的任意性可知

$$P_{\tau \circ \sigma} f = P_{\tau}(P_{\sigma} f) \quad \text{a.e..}$$

从而可以进一步得到, 对 $n \in \mathbb{N}$ 有

$$P_{\tau^n} f = P_{\tau}^n f.$$

(VI) 首先由实变函数理论中的基本理论知道, I 上所有特征函数及其线性组合是 $\mathcal{L}^{+\infty}$ 中的稠密集. 由此我们只需证明此条性质对 $g = \chi_{\triangle}$ 成立即可, 此处 $\triangle \in \mathfrak{B}$. 由 Frobenius-Perron 算子的定义可得

$$\int_{I} (P_{\tau} f) g \mathrm{d}L = \int_{\triangle} P_{\tau} f \mathrm{d}L$$

$$= \int_{\tau^{-1}(\triangle)} f \mathrm{d}L$$

$$= \int_{I} f \chi_{\tau^{-1}(\triangle)} \mathrm{d}L$$

$$= \int_{I} f \chi_{\triangle} \circ \tau \mathrm{d}L$$

$$= \int_{I} f g \circ \tau \mathrm{d}L$$

$$= \int_{I} f (U_{\tau} g) \mathrm{d}L.$$

$\square$

按照下面的定义, 结合上面面关于 Frobenius-Perron 算子性质的讨论, 可知该算子为 Markov(马尔可夫) 算子.

定义 1.4.3　设 $(X, \mathfrak{B}, \mu)$ 为一个测度空间, 我们称算子 $P : L^1 \to L^1$ 为 Markov 算子, 如果它满足如下条件:

（I）若 $f \in L^1$ 且 $f \geqslant 0$, 则 $Pf \geqslant 0$;

（II）$f \in L^1$ 且 $f \geqslant 0$ 时, $\| Pf \| = \| f \|$.

命题 1.4.2 设 τ 是 I 上的非奇异映射, $f \in \mathcal{L}^1$, $f \geqslant 0$, 且 $\int_I f \mathrm{d}L = 1$. 那么按照

$$\mu(A) = \int_A f \mathrm{d}L$$

定义的测度 μ 是 τ 不变的, 当且仅当

$$P_\tau f = f.$$

证明 首先, 如果 μ 是 τ 不变测度, 即对任意 $\triangle \in \mathfrak{B}$ 有

$$\mu(\triangle) = \mu(\tau^{-1}(\triangle)).$$

那么

$$
\begin{aligned}
\int_\triangle f \mathrm{d}L &= \mu(\triangle) \\
&= \mu(\tau^{-1}(\triangle)) \\
&= \int_{\tau^{-1}(\triangle)} f \mathrm{d}L \\
&= \int_\triangle P_\tau f \mathrm{d}L.
\end{aligned}
$$

由 $\triangle$ 的任意性可知

$$P_\tau f = f \quad \text{a.e.}.$$

另一方面, 如果 $P_\tau f = f$, 那么

$$
\begin{aligned}
\mu(\triangle) &= \int_\triangle f \mathrm{d}L \\
&= \int_\triangle P_\tau f \mathrm{d}L \\
&= \int_{\tau^{-1}(\triangle)} f \mathrm{d}L \\
&= \mu(\tau^{-1}(\triangle)).
\end{aligned}
$$

由此可知 μ 是 τ 不变测度. $\qquad \square$

由此, 若要探讨或者寻找动力系统的不变测度, 就可以转而研究 Frobenius-Perron 算子的不动点. 但是寻找不动点的过程并不是容易获得的. 下面的定理称为 Helly 的第一定理, 对我们证明 Frobenius-Perron 算子不动点的存在性是至关重要的.

定理 1.4.2 设 F 为区间 $[a,b]$ 上的一族函数集合, 如果存在实数 $K \geqslant 0$, 使得对任意的 $f \in F$, 有

$$|f(x)| \leqslant K, \bigvee_{[a,b]} f \leqslant K,$$

那么, 存在序列 $\{f_n\} \subset F$ 点点收敛到一个有界变差函数 f^*, 且满足 $\bigvee_{[a,b]} f^* \leqslant K$.

按照有界变差函数空间的定义, 我们马上得到如下性质:

命题 1.4.3 $BV([a,b])$ 中的有界集在 $L^1([a,b])$ 中是紧集.

当 $\tau \in \mathcal{T}(i)$ 时 ($\mathcal{T}(i)$ 代表分段扩张变换类, 见定义 5.2.1), P_τ 有如下具体表示:

$$P_\tau f = \sum_{i=1}^{q} \frac{f(\tau_i^{-1}(x))}{|\tau'(\tau_i^{-1}(x))|} \chi_{\tau([a_{i-1}, a_i])}(x),$$

其中 $f \in \mathcal{L}^1(i)$. 一个大家较为熟悉的结论是, P_τ 的单位化不动点就是 τ 的绝对连续不变测度的密度函数. 我们把它称作 τ 的不变概率密度函数.

下面的引理对于证明不变概率密度函数的存在性是很重要的, 它的证明可以在许多文献中查到, 例如参考文献 [Boyarsky and Góra, 1997].

引理 1.4.1 设 $\tau \in \mathcal{T}(i)$. 记 $g(x) = \dfrac{1}{|\tau'(x)|}$, $\delta = \min\limits_{1 \leqslant i \leqslant q} L(I_i)$. 那么, 对任意 $f \in BV(i)$,

$$\bigvee_I (P_\tau f) \leqslant A \bigvee_I f + B \int_I |f| \mathrm{d}L,$$

其中 $A = \dfrac{2}{\alpha} + \max\limits_{1 \leqslant i \leqslant q} \bigvee_{I_i} g$, $B = \dfrac{2}{\alpha\delta} + \dfrac{1}{\delta} \max\limits_{1 \leqslant i \leqslant q} \bigvee_{I_i} g$, $\inf\limits_{x \in I} |\tau'(x)| \geqslant \alpha > 1$.

现在我们介绍著名的 Lasota-Yorke 不等式, 它会在我们证明绝对连续不变测度的存在性时发挥重要作用.

引理 1.4.2 设 $\tau \in \mathcal{T}(i)$. 则存在常数 $0 < r < 1$, $C > 0$ 和 $R > 0$ 使得对任意函数的 $f \in BV(i)$ 和任意正整数 $n \geqslant 1$,

$$\|P_\tau^n f\|_{BV} \leqslant Cr^n \|f\|_{BV} + R \|f\|_1 .$$

注 1.4.1   引理 1.4.1 和引理 1.4.2 表明, Frobenius-Perron 算子 P_τ 可以被看作是一个从 $BV(\mathrm{I})$ 到 $BV(\mathrm{I})$ 的算子, 并且它是拟紧的, 见参考文献 [Keller, 1982].

同时, 由引理 1.4.1 和引理 1.4.2, 对分段扩张变换, 关于其绝对连续不变测度的存在性, 有如下定理:

定理 1.4.3   设 $\tau \in \mathcal{T}(\mathrm{I})$. 则 τ 有绝对连续不变测度, 且其密度函数为有界变差函数.

注 1.4.2   一方面, 引理 1.4.2 中的常数 R 依赖于引理 1.4.1 中的常数, 而后者又依赖于 δ 的值. 如果变换 τ 的分割是非常精细的话, δ 的值就会很小. 另一方面, 实际操作中, 为了使计算和证明过程容易一些, 我们考虑迭代变换 τ^n, 其中 $n \geqslant 1$ 为正整数. 在这两种情形下, 我们也需要研究给定动力系统的稳定性, 此时, δ 的值比较小, 甚至随着系统的扰动趋于消失时, δ 趋于零. 作为一个例子, 可以参看第 4 章中的图 4.1. 这也就是证明绝对连续不变测度存在性要比证明其稳定性相对容易的主要原因.

1.5   动力系统的研究: 绝对连续不变测度及其稳定性

众所周知, 确定性动力系统可以展现出非常复杂的动力学行为. 一个较为著名的例子就是蝴蝶效应, 它体现了确定性动力系统的混沌行为. 该例子可追溯到 Lorenz 构建的天气预报数字模型 [Lorenz, 1963]. 大略的讲, 对初始条件高度敏感的动力系统, 其长期行为会呈现出奇特的混沌现象. 对于这样的动力系统, 初始值的微小变化会导致未来结果的巨大变化. 在现实中, 由于进行计算时的外部噪声干扰, 或者舍入误差, 当我们处理一个混沌动力系统时, 预测其一段时间之后的状态是很困难甚至是不可能的. 因此, 想要研究系统的长期极限行为, 我们就不能够追随由初始值出发, 对系统进行迭代而得到的各条轨道.

我们不再观察相空间 X 上的各条轨道, 而是借助于变换 τ 对应的 Frobenius-Perron 算子 P_τ, 该算子定义了概率密度函数随着 τ 的演化. 就像我们前面所阐述的, 该算子作用在 Lebesgue 可积函数空间 $\mathcal{L}^1(X)$ 上. P_τ 的不动点, 记为 f, 是一个概率密度函数, 它描述了所有的轨道在将来时间是如何在相空间分布的. 该不变密度函数 f 定义了 τ 的一个不变测度 $\mu(B) = \int_B f \mathrm{d}L$, $B \in \mathfrak{B}$. 此处的 L 是 Lebesgue 测度. 在一个动力系统的不变测度中, 绝对连续不变测度在实际中有着重要的意义, 此处的绝对连续是相对于 Lebesgue 测度而言的. 绝对连续不变测度有时被称为 "实体" 测度或 "可观测" 测度, 因为它可以在计算机上进行模拟. 借助于绝对连续不变测度, 我们可以研究动力系统的遍历学性质, 例如, Birkhoff 遍历定理 1.3.3 和 Poincaré回归定理 1.3.1.

在本书中, 除非额外说明, 我们考虑的都是一维空间上的映射及其动力系统, 且考虑到经过伸缩处理可以将任意有限区间上的映射变换到其它区间上去, 我们取 $X = [0, 1]$ 这一比较有代表性的单位区间. 记 $I = [0, 1]$, L 为 I 上的 Lebesgue 测度. 我们给出 I 上的分段扩张映射的定义. 这类映射是我们讨论的核心类型.

定义 1.5.1   如果存在一个 I 的分割 $\mathcal{P} = \{I_i := [a_{i-1}, a_i], i = 1, \cdots, q\}$, $0 = a_0 < a_1 < \cdots < a_q = 1$, 使得 $\tau : I \to I$ 满足如下条件:

（ I ）τ 在每一个子区间 I_i 上是单调的;

（ II ）$\tau_i := \tau|_{I_i}$ 是 C^1 的, 且 $\lim_{x \to a_{i-1}^+} \tau'(x)$, $\lim_{x \to a_i^-} \tau'(x)$ 存在, 这些极限可以是无限的;

（III）对任意的 i 和 $x \in (a_{i-1}, a_i)$, $|\tau_i'(x)| \geqslant s_i > 1$.

那么, 我们就称这样的函数 τ 是分段扩张映射. 我们用 $\mathcal{T}(\,\mathrm{I}\,)$ 来记区间 I 上分段扩张映射.

作为分段扩张映射中的一种特殊情况, 我们引入 Markov 映射的定义:

定义 1.5.2   设 $\tau : I \to I$, 它的对应分割为 $\mathcal{P} = \{I_i := [a_{i-1}, a_i], i = 1, \cdots, q\}$, $0 = a_0 < a_1 < \cdots < a_q = 1$. 记 $\tau_i := \tau|_{I_i}$, 如果 τ_i 是从 I_i 到 $\mathcal{P}$ 的某几个区间的并的同态映射, 我们就称 τ 是 Markov 的, $\mathcal{P}$ 被称为 τ 的 Markov 分割. 特别地, 如果 τ_i 是线性的, 我们称 τ 是逐段线性 Markov 映射.

在实践中, 有一个自然的关注是, 混沌动力系统在小扰动情况下的稳定性. 如果我们考虑一簇分段扩张映射 $\tau_a : I \to I$, $a > 0$, 它们的绝对连续不变测度为 $\{\mu_a\}$. τ_a 收敛到一个具有绝对连续不变测度 μ_0 的分段扩张映射 τ_0. 那么, 依据某些一般性的假设, $\{\mu_a\}$ 收敛到 μ_0. 其中一个这样的假设是: $\inf |\tau_a'| > 2$, $a > 0$ (参见 [Baladi and Smania, 2010], [Góra, 1979], [Góra and Boyarsky, 1989a] 和 [Keller and Liverani, 1999]). 这样的假设在研究亚稳定系统的时候是很有益处的 (参见 [Gonzaléz-Tokman et al., 2011]), 也有助于逼近系统的不变密度 (参见 [Góra and Boyarsky, 1989b]).

G. Keller 在 [Keller, 1982] 中提出了一簇映射 $\{W_a\}$, 它们是分段扩张的遍历映射, 带有"随机奇异性", 即, $\{\mu_a\}$ 收敛到一个奇异测度. 之多以发生这样的不稳定性, 是因为在转折不动点的附近出现了逐渐消失的不变邻域. 在这个转折不动点的左右两侧, 映射 W_a 的斜率分别收敛到 2 和 -2. 在第 2 章中, 我们会给出更多细节.

给定两个大于 1 的实数 s_1 和 s_2, 我们考虑 W-状映射, 它有一个转折不动点, 且映射在该点左右两侧的斜率分别为 s_1 和 $-s_2$. 此处的 W-状映射指的是该映射的图像形状像是字母 W 且中间的顶点是一个不动点, 此不动点被称作转折不动点. 更明确的, W-状映射 $\tau : I \to I$ 在 I 的分割 $\{I_1, I_2, I_3, I_4\}$ 上是分段单调的, 且 $\tau(a_0) = \tau(a_4) = 1, \tau(a_1) = \tau(a_3) = 0$ and $\tau(a_2) = a_2$, 其中 $I_i = [a_{i-1}, a_i], i = 1, 2, 3, 4$.

在第 2 章中, 我们考虑一个特殊情形 $s_1 = s_2 = 2$. 扰动后的映射 W_a 是分段扩张的, 它在每一个点处的导数的绝对值都大于 2, 且 W_a 是正则的, 其绝对连续不变测度的支撑集是整个区间 $[0, 1]$. 常规的有界变差法 [Boyarsky and Góra, 1997] 此时不能使用, 因为这些映射的斜率不是一致远离 2 的. 其他的理论方法, 例如, [Dellnitz et al., 2000], [Kowalski, 1979] 和 [Murray, 2005] 中的方法也不能使用. 借助于 [Góra, 2009] 中的主要结论, 我们可以证明 W_a 的绝对连续不变测度 μ_a 收敛到 $\frac{2}{3}\mu_0 + \frac{1}{3}\delta_{(\frac{1}{2})}$, 其中 $\delta_{(\frac{1}{2})}$ 是点 $1/2$ 处的 Dirac 测度, μ_0 是映射 W_0 的绝对连续不变测度. 因此, μ_a 收敛到一个绝对连续测度和一个奇异测度的组合而不是极限映射 W_0 的绝对连续不变测度. 对一簇可数的收敛到 W_0 的传递 Markov 映射, 类似的不稳定性在 [Eslami and Misiurewicz, 2012] 中也获得说明.

在第 3 章, 我们推广了第 2 章的结论. 我们构建了一簇 W-状的映射并获得了各种不稳定性, 即:

（I）当 $\dfrac{1}{s_1} + \dfrac{1}{s_2} > 1$, 极限测度是一个奇异测度;

（II）当 $\dfrac{1}{s_1} + \dfrac{1}{s_2} = 1$, 极限测度是一个奇异测度和绝对连续测度的组合;

（III）当 $\dfrac{1}{s_1} + \dfrac{1}{s_2} < 1$, 极限测度是一个绝对连续测度.

第 3 章的主要的结论是定理 3.2.1. 更为重要的是, 该结论启发了我们引入斜率调和平均值条件, 该条件帮助建立了 [Eslami and Góra, 2013] 中的强 Lasota-Yorke

类型的不等式. 斜率调和平均值条件在第 5 章和第 6 章中也有应用.

在第 4 章, 通过观察 Frobenius-Perron 算子谱的不稳定性, 我们研究 W-状映射的不稳定性. 扰动后的 Frobenius-Perron 算子的第二特征值收敛到 1, 而 1 是 Frobenius-Perron 算子的最大特征值. 由此我们也可以讨论第二特征值和亚稳定动力系统之间的关系.

在第 5 章, 我们应用斜率调和平均值条件来研究分段扩张类变换 $T(\mathrm{I})$, 该章的主要结论来自于编者的合作文章 [Góra et al., 2012b]. 我们利用弱覆盖性, 弱混合性以及强 Lasota-Yorke 型不等式 [Eslami and Góra, 2013], 弱化了为获得稳定性所需的斜率值大于 2 的条件. 此外, 我们也获得了有关不变概率密度函数下界的具体参数值, 以及相关性衰减的具体参数值. 我们的结论也可以推广应用到映射簇而不仅仅是单个映射.

第 6 章我们继续使用斜率调和平均值条件. 该章的主要结果来自于编者的合作文章 [Góra et al., 2012a]. 不同于常规的有界变差法 (Lasota-Yorke 类型不等式), 我们借助于可加振荡条件, 使用 Rychlik 定理 (参见 [Boyarsky and Góra, 1997]) 证明绝对连续不变测度的存在性及其稳定性.

第 2 章 绝对连续不变测度的极限为奇异测度的 W-形映射

2.1 问题的引入

一般的, 区间上的分段扩张函数的绝对连续不变测度在确定性扰动甚至是随机扰动下是稳定的. 这就意味着如果我们考虑一簇绝对连续不变测度为 μ_a 的分段扩张映射 τ_a, $a > 0$, 当这些映射收敛到一个具有绝对连续不变测度 μ_0 分段扩张映射 τ_0 时, 那么在一般性假设条件下, μ_a 收敛到 μ_0. 正如我们在第 1 章中指出的, 其中一个这样的假设条件是存在一个正实数 ϵ, 使得 $|\tau_a'| > 2 + \epsilon$ 对任意 $a \geqslant 0$ 成立.

G. Keller 在文献 [Keller, 1982] 中引入了一簇 W-状映射, 每一个映射都是分段扩张的, 该簇映射呈现出众多性质. 其中的结论帮助我们认识到, 在一维情况下想要保证稳定性, 系统的扩张常数应该为 2, 而不是零维系统中的扩张常数 1(参见 [Góra, 1979]). 这一性质在 [Góra and Boyarsky, 1989a] 中也获得证实, 该文献证明了, 想要获得具有矩形分割的 n 维分片扩张系统的稳定性, 其扩张常数是 $n + 1$.

Keller 映射簇复杂性的主要原因是, 随着参数趋于 0, 系统在转折点的行为起着十分重要的作用. 系统在该转折点左右两侧的斜率分别是 2 和 -2. 因此, 整个映射簇是一致分段扩张的, 且每一个映射都有一个唯一的绝对连续不变测度. 然而, 对一簇一致分段扩张的映射来说, 我们所期盼的概率密度函数的稳定性没有出现. Keller 构建了一簇映射, 其绝对连续不变测度的极限是一个奇异测度. 这是因为, 在转折点的附近存在着逐渐消失的不变邻域. 由此, Keller 猜想这是唯一能引起该种不稳定现象的机制.

在这一章中我们将构建一簇比较简单的 W-状映射来否定 Keller 的猜想. 这些映射都是分段扩张的, 且每一点处的导数绝对值均大于 2. 进而它们都是正则系统且它们的绝对连续不变测度支撑在整个区间 $[0,1]$ 上. 然而, 极限动力系统的性质却由一个奇异测度刻画.

标准的有界变差法 (参见 [Boyarsky and Góra, 1997; Dellnitz et al., 2000; Murray, 2005; Kowalski, 1979]) 在这样的设定下不再有效, 因为我们的映射簇的斜率并不是一致远离 2 的. 在本章中我们将借助于 [Góra, 2009] 中的主要结论, 该结论证明了对于任意最终扩张的分段线性映射, 其不变概率密度函数有一个便于计算的级数展开式. 由此, 借助于该级数表达式, 我们可以估计一簇概率密度函数, 从而证明我们的主要结论. 最终我们证明该 W-状映射簇的绝对连续不变测度收敛到一个绝对连续测度和一个奇异测度的组合, 而不是极限映射的绝对连续不变测度. 这也体现了此类映射的不稳定性.

在 2.2 节, 我们引入所要讨论的映射簇并给出主要定理. 它的证明将在 2.4 给出. 在 2.5 节, 对 a 较小时的 W_a 的概率密度函数, 我们将给出一些计算结果.

2.2　W_a 映射簇及本章的主要结论

我们考虑如下定义的从 $[0,1]$ 到 $[0,1]$ 的映射簇 $\{W_a : 0 \leqslant a\}$:

$$W_a(x) = \begin{cases} 1 - 4x, & 0 \leqslant x < 1/4; \\ (2+a)(x - 1/4), & 1/4 \leqslant x < 1/2; \\ 1/2 + a/4 - (2+a)(x - 1/2), & 1/2 \leqslant x < 3/4; \\ 4(x - 3/4), & 3/4 \leqslant x \leqslant 1. \end{cases} \tag{2.1}$$

映射 W_0 即为 Keller 的 W-状映射 (参见 [Keller, 1982]). 因为我们想要探讨当 $a \to 0$ 时 W_a 的极限性质, 我们只考虑比较小的 $a > 0$. 图 2.1 展现了 $a = 0$ 和 $a > 0$ 时的 W_a 的图像. 每个 W_a 是一个分段线性, 分段扩张映射, 其斜率的绝对值最小为 $2 + a$. 每个 W_a 有唯一绝对连续不变测度 μ_a, 其支撑集为 $[0,1]$, 且 W_a 相对于该测度是正则的. 映射的传递性在 [Eslami and Misiurewicz, 2012] 中获得证明. 绝对连续不变测度的唯一性和正则性可由 Li-Yorke 的文章 [Li and Yorke, 1978] 获得.

我们用 h_a 来记 μ_a 的单位化密度函数, $a \geqslant 0$. 容易得到, 对于 W_0 的不变测度 μ_0, 其密度函数为

$$h_0 = \begin{cases} \dfrac{3}{2}, & 0 \leqslant x < 1/2; \\ \dfrac{1}{2}, & 1/2 \leqslant x \leqslant 1. \end{cases} \tag{2.2}$$

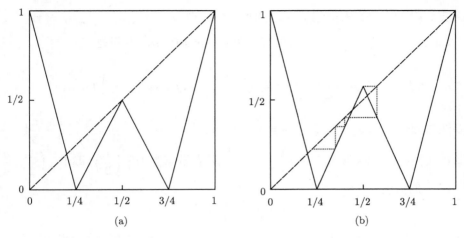

图 2.1 (a) 映射 W_0, (b) 映射 W_a, $a > 0$, 以及 1/2 的最初几个轨道点

本章的主要定理是:

定理 2.2.1 当 $a \to 0$ 时, 测度 μ_a 弱 $*$ 收敛到测度

$$\frac{2}{3}\mu_0 + \frac{1}{3}\delta_{(\frac{1}{2})},$$

其中 $\delta_{(\frac{1}{2})}$ 是点 1/2 处的 Dirac 测度.

该定理的证明依赖于文章 [Góra, 2009] 中关于分段线性映射不变密度的通用公式以及一些直接的计算. 这些计算取决于参数 a, 在不会引起混淆的情况下, 我们通常会省略下标 a.

要证明这一定理, 关键的第一步是找到一列特殊的 a 的取值, 使得 W-状映射可以用 Markov 映射逼近, 进而观察当 a 趋于零时该列 W-状映射的性质变化.

2.3 构建 Markov 映射子类: 获得主要定理的启发想法

本节我们考虑 $\{W_a\}_{a \geqslant 0}$ 的一个 Markov 子映射簇. 我们取 a 的值使得对某正整数 $m \geqslant 2$ 有 $W_a^m(1/2) = 1/4$. 对于这样的 a, 我们的计算可以表示成有限形式. 该方法不同于标准的 Markov 映射计算步骤. 其它的 Markov 子映射簇也可以用类似的方法进行讨论. 在文献 [Eslami and Misiurewicz, 2012] 中, 其作者考虑了一簇具有三个参数的收敛到 W-状映射的传递 Markov 映射.

我们用 $W_{a,i}$ 来表示映射 W_a 的第 i 个分支, $i = 1, 2, 3, 4$. 记 $s_i = W_{a,i}^{-1}, i = 1, 2, 3, 4$; $I_0 = \left[0, \dfrac{1}{2} + \dfrac{a}{4} \right]$. W_a 所对应的 Frobenius-Perron 算子是

$$P_a f = \frac{1}{4} f \circ s_1 + \frac{1}{2+a} (f \circ s_2) \chi_{I_0} + \frac{1}{2+a} (f \circ s_3) \chi_{I_0} + \frac{1}{4} f \circ s_4.$$

需要注意的是 $\chi_{I_0} \circ s_1 = 1, \chi_{I_0} \circ s_2 = \chi_{I_0}, \chi_{I_0} \circ s_3 = \left[(2+a) \left(\dfrac{1}{4} - \dfrac{a}{4} \right), \dfrac{1}{2} + \dfrac{a}{4} \right], \chi_{I_0} \circ s_4 = 0$. 记 $I_1 := \left[(2+a) \left(\dfrac{1}{4} - \dfrac{a}{4} \right), \dfrac{1}{2} + \dfrac{a}{4} \right]$, 其左端点为 $W_a^2 \left(\dfrac{1}{2} \right)$, 即 $W_a \left(\dfrac{1}{2} + \dfrac{a}{4} \right)$.

取 a 的值使得

$$W_a^m \left(\frac{1}{2} \right) = \frac{1}{4}, \tag{2.3}$$

其中 $m \geqslant 2$ 是 $\dfrac{1}{2}$ 的轨道首次到达 $\dfrac{1}{4}$ 的时刻.

我们取常数函数 1 作为初始函数来做迭代 $P_a^n 1$, 其结果被记为 $f_{n,m}$. 我们记

$$I_i = \left[W_a^i \left(\frac{1}{2} + \frac{a}{4} \right), \frac{1}{2} + \frac{a}{4} \right], i = 1, 2, \cdots, m.$$

经过若干次的迭代, 借助于式子 (2.3) 我们可以得到

$$f_{n,m} = c_{n,0} + \alpha_{n,0} \chi_{I_0} + \alpha_{n,1} \chi_{I_1} + \alpha_{n,2} \chi_{I_2} + \cdots + \alpha_{n,m-1} \chi_{I_{m-1}} + \alpha_{n,m} \chi_{I_m},$$

其中 $c_{n,0}$ 和 $\alpha_{n,i} (i = 0, 1, \cdots, m)$ 是常数. 现在我们考虑下一步迭代 $f_{n+1,m}$. 通过直接的计算, 我们有如下的性质:

命题 2.3.1　(1) $c_{n,0} \circ s_1$ 和 $c_{n,0} \circ s_4$ 仍然是常数函数, $c_{n,0} \circ s_2 \chi_{I_0}$ 和 $c_{n,0} \circ s_3 \chi_{I_0}$ 是特征函数 χ_{I_0};

(2) $\chi_{I_0} \circ s_1$ 是一个常数函数, $\chi_{I_0} \circ s_2 \chi_{I_0} = \chi_{I_0}$, $\chi_{I_0} \circ s_3 \chi_{I_0} = \chi_{I_1}$, $\chi_{I_0} \circ s_4$ 等于 0;

(3) 对于 $i = 1, 2, \cdots, m-1$, $\chi_{I_i} \circ s_1$ 和 $\chi_{I_i} \circ s_4$ 为 0, $\chi_{I_i} \circ s_2 \chi_{I_0} = \chi_{I_{i+1}}$, $\chi_{I_i} \circ s_3 \chi_{I_0} = \chi_{I_1}$;

(4) $\chi_{I_m} \circ s_1$ 和 $\chi_{I_m} \circ s_4$ 为 0, $\chi_{I_m} \circ s_2 \chi_{I_0} = \chi_{I_0}$, $\chi_{I_m} \circ s_3 \chi_{I_0} = \chi_{I_1}$.

进而, 我们有如下的性质:

命题 2.3.2　对于足够大的 n, $f_{n,m}$ 总保持如下形式:

$$f_{n,m} = c_{n,0} + \alpha_{n,0} \chi_{I_0} + \alpha_{n,1} \chi_{I_1} + \alpha_{n,2} \chi_{I_2} + \cdots + \alpha_{n,m-1} \chi_{I_{m-1}} + \alpha_{n,m} \chi_{I_m},$$

且

$$
\begin{bmatrix}
c_{n+1,0} \\
\alpha_{n+1,0} \\
\alpha_{n+1,1} \\
\vdots \\
\alpha_{n+1,m}
\end{bmatrix}
= \boldsymbol{A}_m
\begin{bmatrix}
c_{n,0} \\
\alpha_{n,0} \\
\alpha_{n,1} \\
\vdots \\
\alpha_{n,m}
\end{bmatrix}.
$$

$\boldsymbol{A}_m$ 由下式给出:

$$
\boldsymbol{A}_m =
\begin{bmatrix}
\dfrac{1}{2} & \dfrac{1}{4} & 0 & 0 & 0 & \cdots & 0 & 0 \\[2mm]
\dfrac{2}{2+a} & \dfrac{1}{2+a} & 0 & 0 & 0 & \cdots & 0 & \dfrac{1}{2+a} \\[2mm]
0 & \dfrac{1}{2+a} & \dfrac{1}{2+a} & \dfrac{1}{2+a} & \dfrac{1}{2+a} & \cdots & \dfrac{1}{2+a} & \dfrac{1}{2+a} \\[2mm]
0 & 0 & \dfrac{1}{2+a} & 0 & 0 & \cdots & 0 & 0 \\[2mm]
0 & 0 & 0 & \dfrac{1}{2+a} & 0 & \cdots & 0 & 0 \\[2mm]
\vdots & \vdots & \vdots & \vdots & \vdots & & \vdots & \vdots \\[2mm]
0 & 0 & 0 & 0 & 0 & \cdots & 0 & 0 \\[2mm]
0 & 0 & 0 & 0 & 0 & \cdots & \dfrac{1}{2+a} & 0
\end{bmatrix}
$$

其中 $\boldsymbol{A}_m$ 是 $(m+2)$ 阶方阵.

要证明我们的定理, 也需要下面的性质:

命题 2.3.3 式子 (2.3) 等价于

$$
(2+a)^m - \sum_{i=0}^{m-1}(2+a)^i = \frac{1}{a} . \tag{2.4}
$$

证明 实际上, 等式 (2.4) 为

$$
\frac{a(2+a)^m + 1}{1+a} = \frac{1}{a},
$$

它又等价于

$$
-\frac{1}{4}a\frac{a(2+a)^m + 1}{1+a} + \frac{1}{2} = \frac{1}{4}.
$$

由等式 (2.3) 和引理 2.4.3(I), 即可得到该性质的证明.　　　　　　　　　□

借助于性质 2.3.3, 我们可以找到 A_m 的不动向量. 如果我们把这个不动向量记为 $(c, \alpha_0, \alpha_1, \cdots, \alpha_m)^T$, 那么 P_a 的不变函数可以表示为

$$g_m^* = c + \alpha_0 \chi_{I_0} + \alpha_1 \chi_{I_1} + \alpha_2 \chi_{I_2} + \cdots + \alpha_{m-1} \chi_{I_{m-1}} + \alpha_m \chi_{I_m},$$

其中

$$c = \frac{1}{2a}$$
$$\alpha_0 = \frac{1}{a}$$
$$\alpha_1 = (2+a)^{m-1}$$
$$\alpha_2 = (2+a)^{m-2}$$
$$\cdots\cdots$$
$$\alpha_{m-2} = (2+a)^2$$
$$\alpha_{m-1} = 2+a$$
$$\alpha_m = 1.$$

现在我们单位化 g_m^*. 首先, 我们用 a 乘以 g_m^*, 这样得到的新函数被记为 f_m^*:

$$f_m^* = C + \beta_0 \chi_{I_0} + \beta_1 \chi_{I_1} + \beta_2 \chi_{I_2} + \cdots + \beta_{m-1} \chi_{I_{m-1}} + \beta_m \chi_{I_m},$$

其中

$$C = \frac{1}{2}$$
$$\beta_0 = 1$$
$$\beta_1 = a(2+a)^{m-1}$$
$$\beta_2 = a(2+a)^{m-2}$$
$$\cdots\cdots$$
$$\beta_{m-2} = a(2+a)^2$$
$$\beta_{m-1} = a(2+a)$$
$$\beta_m = a.$$

由式子 (2.4) 可得 $(2+a)^m = \dfrac{1}{a^2}$, 因此当 $a \to 0$ 时,

$$a(2+a)^{m-1} = \frac{1}{a(2+a)} \to \infty.$$

区间 I_k 的长度是

$$|I_k| = \frac{1}{4}a\left((2+a)^k - \sum_{i=1}^{k-1}(2+a)^i\right), k = 1, 2, \cdots, m,$$

进而

$$
\begin{aligned}
\int_0^1 \beta_k \chi_{I_k}\mathrm{d}L &= \int_0^1 a(2+a)^{m-k}\chi_{I_k}\mathrm{d}L \\
&= \frac{1}{4}\frac{a^3(2+a)^m + a^2(2+a)^{m-k+1}}{1+a} \\
&= \frac{1}{4}\frac{a + \dfrac{1}{(2+a)^{k-1}}}{1+a)} := A_k, k = 1, 2, \cdots, m.
\end{aligned}
$$

因此,

$$
\begin{aligned}
\sum_{k=1}^m \int_0^1 \beta_k\chi_{I_k}\mathrm{d}L &= \sum_{k=1}^m A_k \\
&= \frac{1}{4}\frac{ma + \dfrac{1 - \dfrac{1}{(2+a)^m}}{1 - \dfrac{1}{2+a}}}{1+a} \\
&= \frac{1}{4}\frac{ma + \dfrac{1 - a^2}{1 - \dfrac{1}{2+a}}}{1+a}.
\end{aligned}
$$

现在, 我们来考虑 ma 这一项. 由式子 (2.4) 我们得到

$$
\begin{aligned}
\lim_{a \to 0} ma &= \lim_{a \to 0}\frac{-2a\ln a}{\ln(2+a)} \\
&= \lim_{a \to 0}\frac{2}{\ln(2+a)}(-a\ln a) \\
&= 0.
\end{aligned}
$$

这就意味着 $\displaystyle\lim_{m \to \infty}\sum_{k=1}^m A_k = \dfrac{1}{2}$.

另一方面, 我们记 $m_1 = [m/2]$. 从而有

$$
\begin{aligned}
\lim_{m_1 \to \infty} \sum_{k=1}^{m_1} A_k &= \lim_{m_1 \to \infty} \frac{1}{4} \frac{m_1 a + \dfrac{1 - \dfrac{1}{(2+a)^{m_1}}}{1 - \dfrac{1}{2+a}}}{1 + a} \\
&= \lim_{m_1 \to \infty} \frac{1}{4} \frac{m_1 a + \dfrac{1 - a}{1 - \dfrac{1}{2+a}}}{1 + a} \\
&= \frac{1}{2}.
\end{aligned}
$$

进一步的,

$$
|I_k| = \frac{1}{4} a \left((2+a)^k - \sum_{i=1}^{k-1} (2+a)^i \right) > \frac{a}{4}, k = 1, 2, \cdots, m.
$$

因为 I_k 的右端点是 $\frac{1}{2} + \frac{a}{4}$, 所以 I_k 的左端点比 $\frac{1}{2}$ 小, $k = 1, 2, \cdots, m$. 注意到, $|I_k|$ 的长度随着 k 的增加而增加. 同时, 随着 $a \to 0$,

$$
\begin{aligned}
|I_{m_1}| &= \frac{1}{4} \frac{a^2 (2+a)^{m_1} + a(2+a)}{1+a} \\
&= \frac{1}{4} \frac{a + a(2+a)}{1+a} \to 0,
\end{aligned}
$$

所以所有这些区间 $I_1, I_2, \cdots, I_{m_1}$ 逐渐缩短收敛到 $\frac{1}{2}$.

在区间 $\left[0, \frac{1}{2} \right)$ 和 $\left(\frac{1}{2}, 1 \right]$ 上, 我们有

$$
\int_0^{\frac{1}{2}} C + \beta_0 \chi_{I_0} \, \mathrm{d}L = \frac{3}{4}
$$

且当 $a \to 0$ 时,

$$
\int_{\frac{1}{2}}^1 C + \beta_0 \chi_{I_0} \, \mathrm{d}L = \frac{1}{4} + \frac{a}{4} \to \frac{1}{4}.
$$

所以, W_a 的不变测度为

$$
\frac{3}{4} \cdot \frac{2}{3} \cdot 2L \mid_{[0, \frac{1}{2})} + \frac{1}{2} \cdot \frac{2}{3} \delta \mid_{\frac{1}{2}} + \frac{1}{4} \cdot \frac{2}{3} \cdot 2L \mid_{(\frac{1}{2}, 1]} = L \mid_{[0, \frac{1}{2})} + \frac{1}{3} \delta \mid_{\frac{1}{2}} + \frac{1}{3} L \mid_{(\frac{1}{2}, 1]},
$$

其中 L 和 δ 分别表示 Lebesgue 测度 Dirac 测度.

2.4 定理 2.2.1 的证明

这节我们将分若干步给出定理 2.2.1 的证明.

2.4.1 W_a 的非单位化不变密度函数表达式

我们把文章 [Góra, 2009] 中的通用公式应用到本章描述的情形, 从而得到下面的关于 f_a 的公式:

引理 2.4.1 对较小的 $a > 0$, 存在 $A < -1$ 使得

$$f_a = 1 + 2A \left(\sum_{n=1}^{\infty} \frac{\chi^s(\beta(1/2, n), W_a^n(1/2))}{|\beta(1/2, n)|} \right) \tag{2.5}$$

是一个 W_a 的不变非单位化密度函数.

在此处,

$$\chi^s(t, y) = \begin{cases} \chi_{[0,y]}, & t > 0, \\ \chi_{[y,1]}, & t < 0, \end{cases}$$

$\beta(1/2, n)$ 是点 $1/2$ 的 n 步轨道所对应的累计斜率, 其定义为

$$\beta(1/2, 1) = 2 + a,$$

$$\beta(1/2, n) = (2 + a) \cdot W_a'(W_a(1/2)) \cdot W_a'(W_a^2(1/2)) \cdots W_a'(W_a^{n-1}(1/2)), n \geqslant 2.$$

公式 (2.5) 的详细验证将在 2.4.2 节中给出.

对较小的正数 a, $1/2$ 的象是 $W_a(1/2) = 1/2 + a/4$ 且下一步迭代刚刚落在稍小于 $1/2$ 的不动点的下方. 接下来 $1/2$ 的轨道形成一个递减列知道它小于 $1/4$. 设 k 为第一个使得 $W_a^j(1/2)$ 小于 $1/4$ 迭代时刻 j. 也就是说,

$$k = \min\{j \geqslant 1 : W_a^j(1/2) \leqslant 1/4\}.$$

那么, $1/2$ 的连续累计斜率, 即 $\beta(1/2, j), 1 \leqslant j \leqslant k$, 是

$$(2+a), -(2+a)^2, -(2+a)^3, \cdots, -(2+a)^k,$$

且

$$f_a = 1 + 2A \left(\frac{\chi_{[0, W_a(1/2)]}}{(2+a)} + \sum_{j=2}^{k} \frac{\chi_{[W_a^j(1/2), 1]}}{(2+a)^j} + \cdots \right). \tag{2.6}$$

2.4.2　f_a 的公式的验证

借用文章 [Góra, 2009] 中的符号, 我们有以下引理:

引理 2.4.2　(a) $N = 4$, $K = 2$, $L = 0$;

(b) $\alpha = (1, 1/2 + a/4, 1/2 + a/4, 1)$, $\beta = (-4, 2 + a, -(2 + a), 4)$, $\gamma = (0, 0, 0, 0)$;

(c) $A = (a_1, a_2, a_3, a_4)$, 其中 $a_1 = -1$, $a_2 = 1/2 + a/4$, $a_3 = -3/2 - 3a/4$, $a_4 = 3$;

(d) W_a 有两个 c_i, $c_1 = (1/2, 2)$, $c_2 = (1/2, 3)$ 且 $j(c_1) = 2$, $j(c_2) = 3$. 因此, $W_u = \{c_1, c_2\}$, $W_l = \varnothing$, $U_l = \{c_2\}$, $U_r = \{c_1\}$;

(e) 因为 $j(c_1) = 2$, 所以 $\beta(c_1, 1) = 2 + a$. 由此 $\beta(c_1, 2) = -(2 + a)^2$, $\beta(c_1, k) = -(2 + a)^k$, k 按照 2.4.1 节中求得, 即 $k = \min\{j \geqslant 1 : W_a^j(1/2) \leqslant 1/4\}$;

(f) 因为 $j(c_2) = 3$, 所以 $\beta(c_2, 1) = -(2 + a)$. 由此 $\beta(c_2, 2) = (2 + a)^2$, $\beta(c_2, k) = (2 + a)^k$, k 和上一部分 (e) 中相同, 对所有的 n, 我们有 $W_a^n(c_1) = W_a^n(c_2)$;

(g) 根据 (f), 我们有如下的矩阵 $S = (S_{i,j})$, $i, j = 1, 2$:

对于 $c_1 \in U_r$

$$S_{1,1} = \sum_{n=1}^{\infty} \frac{\delta(\beta((c_1, n) > 0))\delta(W_a^n(c_1) > 1/2) + \delta(\beta((c_1, n) < 0))\delta(W_a^n(c_1) < 1/2)}{|\beta(c_1, n)|},$$

$$S_{1,2} = \sum_{n=1}^{\infty} \frac{\delta(\beta((c_1, n) > 0))\delta(W_a^n(c_1) > 1/2) + \delta(\beta((c_1, n) < 0))\delta(W_a^n(c_1) < 1/2)}{|\beta(c_1, n)|};$$

对于 $c_2 \in U_l$

$$S_{2,1} = \sum_{n=1}^{\infty} \frac{\delta(\beta((c_2, n) < 0))\delta(W_a^n(c_2) > 1/2) + \delta(\beta((c_2, n) > 0))\delta(W_a^n(c_2) < 1/2)}{|\beta(c_2, n)|},$$

$$S_{2,2} = \sum_{n=1}^{\infty} \frac{\delta(\beta((c_2, n) < 0))\delta(W_a^n(c_2) > 1/2) + \delta(\beta((c_2, n) > 0))\delta(W_a^n(c_2) < 1/2)}{|\beta(c_2, n)|},$$

此处 $\delta($"条件"$)$ 等于 1 当 "条件" 成立, 否则等于 0.

注 2.4.1　由引理 2.4.2 的 (e, f) 部分可知 $S_{i,j}$ 是相等的对于 $i, j = 1, 2$. 记 Id 为 2 阶单位矩阵, $V = [1\ 1]$. 因此, 下面方程组的解 $D = [D_1\ D_2]$:

$$(-S^T + Id)\, D^T = V^T, \tag{2.7}$$

满足 $D_1 = D_2$, 记该值为 A.

设 I_1, I_2, I_3, I_4 为 $I = [0,1]$ 的一个分割, 其中 $I_1 = [0, 1/4)$, $I_2 = (1/4, 1/2)$, $I_3 = (1/2, 3/4)$ 且 $I_4 = (3/4, 1]$. 取 $\beta_1 = -4$, $\beta_2 = 2 + a$, $\beta_3 = -(2+a)$ 以及 $\beta_4 = 4$. 我们定义如下的指标:

$$j(x) = i, i = 1, 2, 3, 4,$$

其中 $x \in I_i$ 且

$$j(c_1) = 2, j(c_2) = 3.$$

我们在引理 2.4.1 中已经定义了迭代点时的累积斜率

$$\beta(x, 1) = \beta_{j(x)}, \ \beta(x, n) = \beta(x, n-1) \cdot \beta_{j(W_a^{n-1}(x))}, \qquad n \geqslant 2,$$

且

$$\chi^s(t, y) = \begin{cases} \chi_{[0,y]}, & t > 0, \\ \chi_{[y,1]}, & t < 0. \end{cases}$$

直接使用 [Góra, 2009] 中的定理 2, 我们得到上面的引理 2.4.2. 现在我们可以证明引理 2.4.1.

证明   首先, 由引理 2.4.2 的 (g) 部分, 考虑到 W_a 的第一和第四分支的斜率绝对值为 $4 > 2 + a$, 因此,

$$S_{i,j} \leqslant \sum_{n=1}^{\infty} \frac{1}{(2+a)^n} = \frac{1}{1+a} < 1.$$

另一方面, 对于较小的 a, 我们有

$$S_{i,j} \geqslant \frac{1}{2+a} + \frac{1}{(2+a)^2} > 1/2.$$

现在, 方程组 (2.7) 的解为 $D_1 = D_2 = \dfrac{1}{1 - 2S_{1,1}} < -1$. 由 [Góra, 2009] 中的定理 2, 并利用引理 2.4.2 的 (d, e, f) 部分, 我们得到

$$\begin{aligned}
f_a &= 1 + D_1 \sum_{n=1}^{\infty} \frac{\chi^s(\beta(c_1, n), W_a^n(c_1))}{|\beta(c_1, n)|} + D_2 \sum_{n=1}^{\infty} \frac{\chi^s(-\beta(c_2, n), W_a^n(c_2))}{|\beta(c_2, n)|} \\
&= 1 + A \sum_{n=1}^{\infty} \frac{\chi^s(\beta(c_1, n), W_a^n(1/2))}{|\beta(c_1, n)|} + A \sum_{n=1}^{\infty} \frac{\chi^s(-\beta(c_2, n), W_a^n(1/2))}{|\beta(c_2, n)|} \\
&= 1 + 2A \left(\sum_{n=1}^{\infty} \frac{\chi^s(\beta(1/2, n), W_a^n(1/2))}{|\beta(1/2, n)|} \right),
\end{aligned}$$

这样引理的证明就完成了.   □

2.4.3　f_a 的相关估计

回顾定义 $k = \min\{j \geqslant 1 : W_a^j(1/2) \leqslant 1/4\}$. 明显的有 $k > 1$. 此外, 我们还有如下引理.

引理 2.4.3　（Ⅰ）$2 \leqslant m \leqslant k$ 时, $W_a^m(1/2) = -\dfrac{1}{4}a\dfrac{a(2+a)^{m-1}+1}{1+a} + \dfrac{1}{2}$;

（Ⅱ）$\lim\limits_{a \to 0} ak = 0$;

（Ⅲ）$\lim\limits_{a \to 0} \dfrac{1}{a(2+a)^k} = 0$.

进一步的, 如果我们记 $k_1 = \left[\dfrac{2}{3}k\right]$（$2k/3$ 的整数部分), 我们有

（Ⅳ）$\lim\limits_{a \to 0} \dfrac{1}{a(2+a)^{k_1}} = 0$;

（Ⅴ）$\lim\limits_{a \to 0} a^2(2+a)^{k_1} = 0$;

（Ⅵ）$\lim\limits_{a \to 0} W_a^{k_1}\left(\dfrac{1}{2}\right) = \dfrac{1}{2}$.

证明　假设（Ⅰ）是正确的. 由 k 的定义可知, $0 \leqslant W_a^{k-1}(1/2) \leqslant 1/4$. 也就是说,

$$0 \leqslant -\frac{1}{4}a\frac{a(2+a)^{k-1}+1}{1+a} + \frac{1}{2} \leqslant \frac{1}{4}. \tag{2.8}$$

(2.8) 式的第一个不等式意味着

$$a^2(2+a)^{k-2} \leqslant 1. \tag{2.9}$$

因此,

$$ak \leqslant a\frac{\ln(2+a) - 2\ln a}{\ln(2+a)} + a = 2a - \frac{2a\ln a}{\ln(2+a)},$$

$$a \leqslant \frac{2+a}{(2+a)^{\frac{k}{2}}},$$

$$a^2(2+a)^{k_1} \leqslant \frac{(2+a)^2}{(2+a)^{k-k_1}},$$

由此我们得到（Ⅴ）部分. 又因为 $\lim\limits_{a \to 0} a\ln a = 0$,（Ⅱ）部分也得到证明. (2.8) 式的第二个不等式意味着

$$\frac{1}{a(2+a)^k} \leqslant \frac{a}{2+a}. \tag{2.10}$$

此时让 $a \to 0$, 我们就得到了（Ⅲ）.

另一方面, 式子 (2.10) 表明

$$\frac{1}{a(2+a)^{k_1}} \leqslant \frac{a(2+a)^{k-k_1}}{2+a} \leqslant \frac{\dfrac{2+a}{(2+a)^{\frac{k}{2}}}(2+a)^{k-k_1}}{2+a} = \frac{1}{(2+a)^{k_1 - \frac{k}{2}}}.$$

由 k_1 的定义, 部分 (IV) 获得证明. 部分 (VI) 的证明来自于 (I) 和 (V).

现在我们证明部分 (I). $m = 2$ 时, 易知 $W_a^2(1/2) = \dfrac{2 - a - a^2}{4}$, 该值与 $-\dfrac{1}{4}a$ $\dfrac{a(2+a)+1}{1+a} + \dfrac{1}{2}$ 相同. 假设 $m = i < k$ 时 (I) 部分成立, 即

$$W_a^i(1/2) = -\frac{1}{4}a\frac{a(2+a)^{i-1}+1}{1+a} + \frac{1}{2}.$$

那么对于 $m = i + 1$,

$$W_a^{i+1}(1/2) = (2+a)\left(-\frac{1}{4}a\frac{a(2+a)^{i-1}+1}{1+a} + \frac{1}{2} - \frac{1}{4}\right)$$
$$= -\frac{1}{4}a\frac{a(2+a)^i + 2 + a}{1+a} + \frac{1}{2} + \frac{a}{4}$$
$$= -\frac{1}{4}a\frac{a(2+a)^i + 1}{1+a} + \frac{1}{2}.$$

该引理的证明到此结束.   □

引理 2.4.2 表明

$$S_{1,1} = \sum_{n=1}^{\infty} \frac{\delta(\beta((1/2,n)>0))\delta(W_a^n(1/2)>1/2)+\delta(\beta((1/2,n)<0))\delta(W_a^n(1/2)<1/2)}{|\beta(1/2,n)|}.$$

同时, 该引理也证明了 $A = \dfrac{1}{1-2S_{1,1}}$. 因为

$$S_{1,1} \geqslant \sum_{n=1}^{k_1} \frac{1}{(2+a)^n} = \frac{\dfrac{1}{2+a} - \dfrac{1}{(2+a)^{k_1+1}}}{1 - \dfrac{1}{2+a}},$$

且

$$S_{1,1} \leqslant \sum_{n=1}^{\infty} \frac{1}{(2+a)^n} = \frac{1}{1+a},$$

我们有

$$A_l = \frac{1+a}{a-1+\dfrac{2}{(2+a)^{k_1}}} \leqslant A \leqslant \frac{1+a}{a-1} = A_h. \tag{2.11}$$

需要注意的是, 对于较小的 a, 估计值 A_l 和 A_h 都小于 -1.

我们定义

$$g_l = \frac{\chi_{[0,W_a(1/2)]}}{(2+a)} + \sum_{j=2}^{k_1} \frac{\chi_{[W_a^j(1/2),1]}}{(2+a)^j},$$

以及

$$g_h = g_l + \sum_{j=k_1+1}^{\infty} \frac{1}{(2+a)^j} = g_l + \frac{1}{(1+a)(2+a)^{k_1}}.$$

进一步我们取 $f_l = 1 + 2A_l g_h$ 且 $f_h = 1 + 2A_h g_l$. 由式子 (2.6) 和 (2.11) 可知

$$f_l \leqslant f_a \leqslant f_h. \tag{2.12}$$

记 $\chi_1 = \chi_{[0,1/2+a/4]}$, $\chi_j = \chi_{[W_a^j(1/2),1/2+a/4]}$, $j = 2,3,\ldots,k_1$, $\chi_c = \chi_{(1/2+a/4,1]}$. 现在我们将要把函数 f_l 和 f_h 表示成 χ_j, $j = 1,\cdots,k_1$ 和 χ_c 的组合. 经过一些简单的计算, 我们得到

$$f_l = \left(\frac{2}{2+a} A_l + 1 \right) \chi_1 + 2A_l \sum_{n=2}^{k_1} \frac{\chi_n}{(2+a)^n}$$
$$+ \left(2A_l \frac{\dfrac{1}{2+a} - \dfrac{1}{(2+a)^{k_1}}}{1+a} + 1 \right) \chi_c + 2A_l \frac{1}{(1+a)(2+a)^{k_1}};$$

$$f_h = \left[A_h \frac{2}{2+a} + 1 \right] \chi_1 + 2A_h \sum_{n=2}^{k_1} \frac{\chi_n}{(2+a)^n} + \left(2 \frac{\dfrac{1}{2+a} - \dfrac{1}{(2+a)^{k_1}}}{a-1} + 1 \right) \chi_c.$$

需要注意的是式子 (2.11) 表明 A_l 和 A_h 均小于 $-(1+2a)$. 由此我们可以说明, 当 a 足够小时, f_l 和 f_h 中的所有系数都为负数.

2.4.4　f_a 的间接单位化

我们定义 $J_1 = [0, W_a^{k_1}(1/2)]$, $J_2 = (W_a^{k_1}(1/2), 1/2+a/4]$, $J_3 = (1/2+a/4, 1]$. 我们将分别计算 f_h 在此三个区间上的积分, 并用这些结果来单位化 f_h. 首先, 我们有

$$C_1 = \int_{J_1} f_h \mathrm{d}L = \int_{J_1} \left[2\left(\frac{1+a}{a-1} \frac{1}{2+a} \right) + 1 \right] \chi_1 \mathrm{d}L$$
$$= \left[2\left(\frac{1+a}{a-1} \frac{1}{2+a} \right) + 1 \right] W_a^{k_1}\left(\frac{1}{2} \right) = \frac{a^2+3a}{(a-1)(2+a)} W_a^{k_1}\left(\frac{1}{2} \right).$$

使用引理 2.4.3, 我们得到 $\lim\limits_{a\to 0}\dfrac{C_1}{a}=-\dfrac{3}{4}$. 用相同的方法可知, 对任意的 $0<\alpha<1/2$, 我们有

$$\lim_{a\to 0}\frac{1}{a}\int_0^\alpha f_h\mathrm{d}L=-\frac{3}{2}\alpha. \tag{2.13}$$

在区间 J_2 上, f_h 的积分是:

$$\begin{aligned}
C_2=\int_{J_2}f_h\mathrm{d}L&=\int_{J_2}\left[2\left(\frac{1+a}{a-1}\frac{1}{2+a}\right)+1\right]\chi_1\mathrm{d}L+2\frac{1+a}{a-1}\sum_{j=2}^{k_1}\int_{J_2}\frac{\chi_j}{(2+a)^j}\mathrm{d}L\\
&=\frac{a^2+3a}{(a-1)(2+a)}\left(\frac{1}{2}+\frac{a}{4}-W_a^{k_1}\left(\frac{1}{2}\right)\right)\\
&\quad+2\frac{1+a}{a-1}\left[\frac{(k_1-1)a^2}{4(2+a)(1+a)}+\frac{a}{4(1+a)}\frac{1-\dfrac{1}{(2+a)^{k_1-1}}}{1+a}\right].
\end{aligned}$$

使用引理 2.4.3, 我们得到

$$\lim_{a\to 0}\frac{C_2}{a}=-\frac{1}{2}. \tag{2.14}$$

在区间 J_3 上, f_h 的积分是

$$\begin{aligned}
C_3=\int_{J_3}f_h\mathrm{d}L&=\int_{J_3}\left(2\frac{\dfrac{1}{2+a}-\dfrac{1}{(2+a)^{k_1}}}{a-1}+1\right)\chi_c\mathrm{d}L\\
&=\left(2\frac{\dfrac{1}{2+a}-\dfrac{1}{(2+a)^{k_1}}}{a-1}+1\right)\left(\frac{1}{2}-\frac{a}{4}\right).
\end{aligned}$$

借助于引理 2.4.3, 我们可以得到

$$\lim_{a\to 0}\frac{C_3}{a}=-\frac{1}{4}.$$

用同样的方法可知, 对任意的 $0<\alpha<1/2$, 我们有

$$\lim_{a\to 0}\frac{1}{a}\int_{1/2+\alpha}^1 f_h\mathrm{d}L=-\frac{1}{2}\left(\frac{1}{2}-\alpha\right). \tag{2.15}$$

如果我们记 $B=C_1+C_2+C_3$, 那么 $\dfrac{f_h}{B}$ 是一个单位化的密度函数. 并且有

$$\lim_{a\to 0}\frac{B}{a}=-\frac{3}{2}.$$

2.4.5   主要定理的最终证明

现在, 我们通过计算来说明, 当 $a \to 0$ 时, 单位化的测度 $(f_h/B) \cdot L$ 弱 $*$ 收敛到测度 $\frac{2}{3}\mu_0 + \frac{1}{3}\delta_{(\frac{1}{2})}$.

对任意区间 $[0, \alpha]$, $0 < \alpha < 1/2$, 式子 (2.13) 意味着

$$\lim_{a \to 0} \int_0^\alpha \frac{f_h}{B} \mathrm{d}L = \frac{-\dfrac{3}{2}\alpha}{-\dfrac{3}{2}} = \alpha. \tag{2.16}$$

对于区间 J_2, 它随着 $a \to 0$, 收缩到点 $1/2$. 式子 (2.14) 表明

$$\lim_{a \to 0} \int_{J_2} \frac{f_h}{B} \mathrm{d}L = \frac{-\dfrac{1}{2}}{-\dfrac{3}{2}} = \frac{1}{3}. \tag{2.17}$$

对任意区间 $[1/2 + \alpha, 1]$, $0 < \alpha < 1/2$, 式子 (2.15) 表明

$$\lim_{a \to 0} \int_{1/2+\alpha}^1 \frac{f_h}{B} \mathrm{d}L = \frac{-\dfrac{1}{2}\left(\dfrac{1}{2} - \alpha\right)}{-\dfrac{3}{2}} = \frac{1}{3}\left(\frac{1}{2} - \alpha\right). \tag{2.18}$$

式子 (2.16), (2.17) 和 (2.18) 一起表明测度 $(f_h/B) \cdot L$ 弱 $*$ 收敛到两个测度的和, 其中一个测度具有密度函数 $\chi_{[0,1/2]} + \frac{1}{3}\chi_{[1/2,1]}$, 另一个测度为 $\delta_{(\frac{1}{2})}$ 的三分之一. 也就是说, $(f_h/B) \cdot L$ 弱 $*$ 收敛到测度 $\frac{2}{3}\mu_0 + \frac{1}{3}\delta_{(\frac{1}{2})}$.

现在, 我们来证明 f_l 对应的单位化测度有着同样的收敛结果. 为了说明这一结论, 需注意到

$$\begin{aligned} f_h - f_l &= 2A_h g_l - 2A_l g_h = 2(A_h - A_l)g_l - 2A_l \frac{1}{(1+a)(2+a)^{k_1}} \\ &= 2\frac{1+a}{a-1} \frac{-2/(2+a)^{k_1}}{a-1+2/(2+a)^{k_1}} g_l - 2A_l \frac{1}{(1+a)(2+a)^{k_1}}, \end{aligned}$$

其中 $|g_l| \leqslant 1$ 且 $\lim_{a \to 0} A_l = -1$. 再次使用引理 2.4.3, 我们可以证明, 对任意子区间 $J \subset [0, 1]$, 有

$$\lim_{a \to 0} \frac{1}{a} \int_J (f_h - f_l) \mathrm{d}L = 0.$$

$J = [0, 1]$ 时这就意味着 f_l 和 f_h 的单位化函数是渐近相同的. 由此, J 的一般性表明, f_l 所定义的单位化测度与 f_h 所定义的单位化测度同样的弱 $*$ 收敛到同一个极限. 同时, 由不等式 (2.12), 定理 2.2.1 就获得了证明.

2.5 数值计算的结果

图 2.2 中展示了三种情形下 W_a 的单位化不变密度函数: (a) $a = 0.1$, (b) $a = 0.05$ 以及 (c) $a = 0.01$. 这些图在数学软件 Maple 13 中画出. 需要注意的是这些图的垂直坐标轴是有较大不同的.

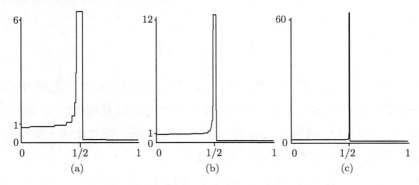

图 2.2 W_a 的不变概率密度函数: (a) $a = 0.1$, (b) $a = 0.05$ 以及 (c) $a = 0.01$

第 3 章　有关 W-形映射的绝对连续不变测度

不稳定性的各种情形

3.1　简　　述

在这一章中, 我们将构建一簇映射, 这些映射的绝对连续不变测度的不稳定性具有普遍的特点, 不同与上一章的个别情形. 本章考虑更普遍的情况, 我们将要引入的参数 s_1 和 s_2 不一定取 2. 我们将要讨论 W_a 映射的绝对连续不变测度 μ_a 的极限性质. 我们得到三种不同情形下的结论:

（ I ） 如果 $\dfrac{1}{s_1} + \dfrac{1}{s_2} > 1$, 那么 μ_a 弱 $*$ 收敛到 $\delta_{(\frac{1}{2})}$;

（ II ） 如果 $\dfrac{1}{s_1} + \dfrac{1}{s_2} = 1$, 那么 μ_a 弱 $*$ 收敛到

$$\frac{(qs_1 + ps_2 - p - q)(s_2 + 2)}{(qs_1 + ps_2 - p - q)(s_2 + 2) + 2rs_1s_2^2}\mu_0 + \frac{2rs_1s_2^2}{(qs_1 + ps_2 - p - q)(s_2 + 2) + 2rs_1s_2^2}\delta_{(\frac{1}{2})},$$

其中 p, q 和 r 是用来定义所要讨论的映射簇的参数;

（III） 如果 $\dfrac{1}{s_1} + \dfrac{1}{s_2} < 1$, 那么 μ_a 收敛到 μ_0.

此外, 在定理 3.2.2 中, 对情形 (III), 我们证明 μ_a 的密度函数是一致有界的. 在这种情形下, 我们的映射有稳定的绝对连续不变测度. 上述的第一种情形蕴含了 G. Keller 在 [Keller, 1982] 中用来获得随机奇异性的例子. 至于上述的第二种情形, 其中的极限测度是一个绝对连续测度和奇异测度的组合, 并且当我们固定 s_1 和 s_2 的值时, 这个组合随着 p, q 和 r 的值变化. 上述结论是第 2 章中结论的推广.

在本章的最后, 借助于定理 3.2.1, 我们构建了一个有趣的例子. 文献 [Keller, 1978] 和 [Kowalski, 1979] 中证明了, 对于一个满足 $\dfrac{1}{|\tau'(x)|}$ 为有界变差函数的映射 $\tau : I \to I$, 其绝对连续不变测度的密度函数在对应支撑集上是有一致正下界的. 我们构建一簇分段扩张, 分段线性的映射 τ_n, 使得 τ_n 在 $[0, 1]$ 上是正则的, τ_n 收敛到 $\tau = W_0$ (作为例子, 我们取 $s_1 = s_2 = 2$), 且对所有的 n, $|\tau_n'| > 2$. 然而, 绝对连续不

变测度的密度函数列 μ_n 却不具有一致正下界.

在 3.2 节中, 我们引入要讨论的 W_a 映射簇并给出主要结论. 在 3.3 节中, 我们将给出相关的证明. 在 3.4 节中, 我们给出上文提到的有关参考文献 [Keller, 1978] 和 [Kowalski, 1979] 的例子.

该章 3.2、3.3 和 3.4 节的主要结果, 经过修改后发表在文章 [Li, 2013] 中.

3.2 W-形映射簇以及主要定理

取 $s_1,\, s_2 > 1$ 且 $p,\, q,\, r > 0$. 我们考虑如下从 $[0,1]$ 到 $[0,1]$ 的映射簇 $\{W_a : 0 \leqslant a\}$:

$$
W_a(x) = \begin{cases}
1 - \dfrac{2(s_1 + pa)}{s_1 - 1 + pa - 2ra}x, & 0 \leqslant x < \dfrac{1}{2} - \dfrac{\frac{1}{2} + ra}{s_1 + pa}; \\[2ex]
(s_1 + pa)(x - 1/2) + 1/2 + ra, & \dfrac{1}{2} - \dfrac{\frac{1}{2} + ra}{s_1 + pa} \leqslant x < 1/2; \\[2ex]
-(s_2 + qa)(x - 1/2) + 1/2 + ra, & 1/2 \leqslant x < \dfrac{1}{2} + \dfrac{\frac{1}{2} + ra}{s_2 + qa}; \\[2ex]
1 + \dfrac{2(s_2 + qa)}{s_2 - 1 + qa - 2ra}(x - 1), & \dfrac{1}{2} + \dfrac{\frac{1}{2} + ra}{s_2 + qa} \leqslant x \leqslant 1.
\end{cases}
\tag{3.1}
$$

对每一组参数取值 $s_1,\, s_2 > 1$, $p,\, q,\, r > 0$, 我们只考虑较小的正数 a 使得对任意 $x \in [0,1]$ 有 $0 \leqslant W_a(x) \leqslant 1$.

图 3.1 展示了一个 W_a 映射的例子. 图 3.1(a) 是未扰动的映射 W_0, $1/2$ 为其转折不动点, $s_1 = 3/2$, $s_2 = 3$. 图 3.1(b) 是扰动后的映射 W_a, 其中 $a = 0.05$, $r = 2$, $p = 3$, $q = 2$. 它的第二支的斜率为 $s_1 + pa = 1.65$, 第三支的斜率为 $s_2 + qa = 3.1$ 且 $W_{0.05}(1/2) = 1/2 + ra = 0.6$.

每个 W_a 都有唯一的绝对连续不变测度 μ_a. 这是因为映射每一处斜率的绝对值都是大于 1 的. 稍后我们将会指出, 当 $\dfrac{1}{s_1} + \dfrac{1}{s_2} \leqslant 1$ 时, μ_a 的支撑集是 $[0,1]$; 当 $\dfrac{1}{s_1} + \dfrac{1}{s_2} > 1$, 它的支撑集是包含 $1/2$ 的一个子区间. 对 μ_a 而言, W_a 是正则映射. 我们用 h_a 来表示 μ_a 的单位化密度函数, $a \geqslant 0$. 因为 W_0 是一个 Markov 映射, 我们容易得到

$$h_0 = \begin{cases} \dfrac{2s_1(s_2+1)}{2s_1s_2+s_1-s_2}, & 0 \leqslant x < 1/2; \\[2mm] \dfrac{2s_2(s_1-1)}{2s_1s_2+s_1-s_2}, & 1/2 \leqslant x \leqslant 1. \end{cases} \tag{3.2}$$

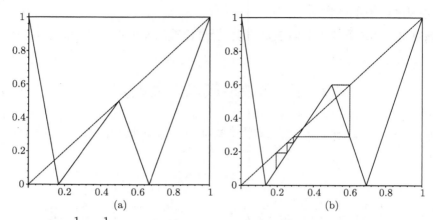

图 3.1 $\dfrac{1}{s_1}+\dfrac{1}{s_2}=1$ 时的 W 状映射: (a) $s_1=3/2$ 和 $s_2=3$ 时的 W_0;

(b) $s_1=3/2$, $s_2=3$, $a=0.05$, $r=2$, $p=3$, $q=2$ 时的 W_a, 同时也给出了

点1/2 的轨道的最初几个点

本章的主要结论是下面的定理:

定理 3.2.1   依据不同的条件, 当 $a \to 0$ 时, μ_a 弱 $*$ 收敛到

（Ⅰ）$\delta_{(\frac{1}{2})}$, 如果 $\dfrac{1}{s_1}+\dfrac{1}{s_2}>1$;

（Ⅱ）$\dfrac{(qs_1+ps_2-p-q)(s_2+2)}{(qs_1+ps_2-p-q)(s_2+2)+2rs_1s_2^2}\mu_0 + \dfrac{2rs_1s_2^2}{(qs_1+ps_2-p-q)(s_2+2)+2rs_1s_2^2}\delta_{(\frac{1}{2})}$,

如果 $\dfrac{1}{s_1}+\dfrac{1}{s_2}=1$;

（Ⅲ）μ_0, 如果 $\dfrac{1}{s_1}+\dfrac{1}{s_2}<1$,

其中 $\delta_{(\frac{1}{2})}$ 是点 1/2 处的 Dirac 测度.

该定理的证明需要用到文献 [Góra, 2009] 中关于分段线性映射的不变密度函数的通用公式, 以及一些直接的计算. 大多的记号和数值都依赖于参数 a, 为了使表达式简洁, 在不引起混淆的情况下, 我们省略 a 作为下标.

关于上述第三种情形, 我们还能够获得更多的结论:

定理 3.2.2   给定 p, q 和 r, 当 $\dfrac{1}{s_1}+\dfrac{1}{s_2}<1$ 时, 单位化的不变密度函数集 $\{h_a\}$ 是一致有界的. 由此, 定理 3.2.1(Ⅲ) 可获得证明.

3.3 定理 3.2.1 和定理 3.2.2 的证明

本节包含了定理 3.2.1 和定理 3.2.2 的证明, 这些证明被分作若干步骤.

3.3.1 条件为 $\dfrac{1}{s_1} + \dfrac{1}{s_2} > 1$ 时的情形

记

$$x_l^* = \frac{s_1 - 1 + pa - 2ra}{2(s_1 - 1 + pa)}$$

以及

$$x_r^* = \frac{s_2 s_1 - s_2 + (2rs_1 - q + ps_2 + qs_1)a + (2rp + pq)a^2}{2(s_1 - 1 + pa)(s_2 + qa)}.$$

x_l^* 是 W_a 第二支上的不动点, 而 x_r^* 是 x_l^* 在 W_a 第三支下的原象. 当 a 趋于 0 时, x_r^* 和 x_l^* 都收敛到 $\dfrac{1}{2}$. 对比较小的 a, 我们有

$$W_a(1/2) - x_r^* = \frac{ra\left[s_1 s_2 - s_1 - s_2 + a(qs_1 + ps_2 - p - q + pqa)\right]}{(s_1 - 1 + pa)(s_2 + qa)} < 0.$$

在这个条件下, 可得 $W_a([x_l^*, x_r^*]) \subseteq [x_l^*, x_r^*]$. $W_a|_{[x_l^*, x_r^*]}$ 是一个倾斜了的帐篷函数且 $W_a(1/2) > 1/2$, 众所周知这样的映射相对于其绝对连续不变测度 μ_a 在区间 $[W_a^2(1/2), W_a(1/2)]$ 上是遍历的. 因为此时的 μ_a 支撑集含于 $[x_l^*, x_r^*]$, 由此我们可知 μ_a 弱 $*$ 收敛到 $\delta_{\left(\frac{1}{2}\right)}$. 这就证明了定理 3.2.1 的第（Ⅰ）部分.

图 3.2 展示了一个例子, 其中 $a = 0.05$, $r = 2$, $p = 3$, $q = 2$, $s_1 = 4/3$, $s_2 = 5/2$.

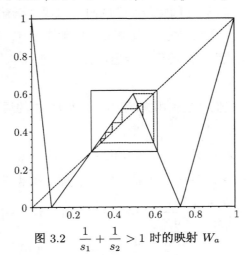

图 3.2 $\dfrac{1}{s_1} + \dfrac{1}{s_2} > 1$ 时的映射 W_a

3.3.2　当 $\dfrac{1}{s_1} + \dfrac{1}{s_2} \leqslant 1$ 时 W_a 的非单位化不变密度函数表达式

图 3.1 是此时 W_a 的一个例子. 我们有如下性质.

命题 3.3.1　当 $\dfrac{1}{s_1} + \dfrac{1}{s_2} \leqslant 1$ 时, 映射 W_a 有绝对连续不变测度 μ_a 且其支撑集为 $[0,1]$, W_a 相对于 μ_a 是正则的.

证明　W_a 是一个分段扩张变换. 根据一般的理论 (例如 [Boyarsky and Góra, 1997]), 我们只需证明, 对任意的子区间 $J \subset [0,1]$, 当 $n \to \infty$ 时, 其像 $W_a^n(J)$ 不断变长直至覆盖整个区间 $[0,1]$. 因为 W_a 是扩张的, 所以 $W_a^n(J)$ 一直增长到其部分像 $W_a^{n_0}(J)$ 包含一个区间分割点. 若该点不是 $1/2$, 那么 $W_a^{n_0+2}(J)$ 就会包含排斥不动点 1. 那么接下来的像继续增长直至覆盖整个区间 $[0,1]$. 如果该点为 $1/2$, 我们将用下面的方法进行证明. 首先, 假设 $\dfrac{1}{s_1} + \dfrac{1}{s_2} < 1$. 取包含 $1/2$ 的一个长度为 ℓ 的小邻域 $J = (z_1, z_2)$, 从而

$$\min_{z_2-z_1=\ell} \max\left\{ \left(\frac{1}{2} - z_1\right)(s_1 + pa), \left(z_2 - \frac{1}{2}\right)(s_2 + qa) \right\} = \frac{1}{\dfrac{1}{s_1 + pa} + \dfrac{1}{s_2 + qa}} \ell > \ell.$$

由此, 区间 J 不断增长直至其像包含 W_a 的两个分割点. 随后的第二次迭代就会覆盖 $[0,1]$. 因此, W_a 相对于 μ_a 是正则的.

假设 $\dfrac{1}{s_1} + \dfrac{1}{s_2} = 1$. 如果 $a \neq 0$, 那么 $\dfrac{1}{\dfrac{1}{s_1 + pa} + \dfrac{1}{s_2 + qa}} > 1$, 这就意味着 W_a 相对于 μ_a 是正则的. 当 $a = 0$ 时, 首先注意到 $1/2$ 是一个转折不动点. 再次取一个小区间 $J = (z_1, z_2) \ni 1/2$. 它的像是一个区间 $(z, 1/2)$. 随着迭代的进行, 它会接着增长并始终包含 $1/2$. 因此, 它会一直增长到其像包含 W_a 的另一个分割点. 由此, 接下来的第二次迭代所得到的像就会覆盖整个区间 $[0,1]$. 所以相对于 μ_a, W_a 仍然是正则的.　　　　　□

按照我们的条件, 我们调整使用文献 [Góra, 2009] 中的通用公式, 可得到下面的引理:

引理 3.3.1　（Ⅰ）$N = 4$, $K = 2$, $L = 0$;

（Ⅱ）$\alpha = (1, 1/2 + ra, 1/2 + ra, 1)$, $\beta = (\beta_1, \beta_2, \beta_3, \beta_4)$, 其中

$$\beta_1 = -\frac{2(s_1 + pa)}{s_1 - 1 + pa - 2ra}, \quad \beta_2 = s_1 + pa, \quad \beta_3 = -(s_2 + qa),$$

$$\beta_4 = \frac{2(s_2 + qa)}{s_2 - 1 + qa - 2ra}, \gamma = (0,0,0,0);$$

(III) $A = (a_1, a_2, a_3, a_4)$, 其中

$$a_1 = -1, \quad a_2 = \frac{s_1 - 1 + pa - 2ra}{2}, \quad a_3 = -\frac{s_2 + 1 + qa + 2ra}{2},$$

$$a_4 = \frac{s_2 + 1 + qa + 2ra}{s_1 - 1 + pa - 2ra};$$

(IV) 我们有两个 c_i 的值, 其中 $c_1 = (1/2, 2)$, $c_2 = (1/2, 3)$, 且 $j(c_1) = 2$, $j(c_2) = 3$. 由此, $W_u = \{c_1, c_2\}$, $W_l = \varnothing$, $U_l = \{c_2\}$, $U_r = \{c_1\}$;

(V) 因为 $j(c_1) = 2$ 所以 $\beta(c_1, 1) = s_1 + pa$, 由此 $\beta(c_1, 2) = -(s_1 + pa)(s_2 + qa)$, $\beta(c_1, k) = -(s_2 + qa)(s_1 + pa)^{k-1}$, 其中 k 是使得 $W_a^j(1/2)$ 小于 $\frac{1}{2} - \frac{1/2 + ra}{s_1 + pa}$ 的首个时刻 j(同引理 3.3.4 中的定义);

(VI) 因为 $j(c_2) = 3$ 所以 $\beta(c_2, 1) = -(s_2 + qa)$, 由此 $\beta(c_2, 2) = (s_2 + qa)^2$, $\beta(c_2, k) = (s_2 + qa)^2 (s_1 + pa)^{k-2}$, 其中 k 的取值和 (V) 部分相同. 对任意 n, $W_a^n(c_1) = W_a^n(c_2)$;

(VII) 由 (VI), 我们有如下定义的矩阵 $S = (S_{i,j})_{1 \leqslant i,j \leqslant 2}$:

由 $c_1 \in U_r$,

$$S_{1,1} = \sum_{n=1}^{\infty} \frac{\delta(\beta(c_1, n) > 0)\delta(W_a^n(c_1) > 1/2) + \delta(\beta(c_1, n) < 0)\delta(W_a^n(c_1) < 1/2)}{|\beta(c_1, n)|},$$

$$S_{1,2} = \sum_{n=1}^{\infty} \frac{\delta(\beta(c_1, n) > 0)\delta(W_a^n(c_1) > 1/2) + \delta(\beta(c_1, n) < 0)\delta(W_a^n(c_1) < 1/2)}{|\beta(c_1, n)|}.$$

由 $c_2 \in U_l$,

$$S_{2,1} = \sum_{n=1}^{\infty} \frac{\delta(\beta(c_2, n) < 0)\delta(W_a^n(c_2) > 1/2) + \delta(\beta(c_2, n) > 0)\delta(W_a^n(c_2) < 1/2)}{|\beta(c_2, n)|},$$

$$S_{2,2} = \sum_{n=1}^{\infty} \frac{\delta(\beta(c_2, n) < 0)\delta(W_a^n(c_2) > 1/2) + \delta(\beta(c_2, n) > 0)\delta(W_a^n(c_2) < 1/2)}{|\beta(c_2, n)|}.$$

注 3.3.1 由引理 3.3.1 中的 (V,VI) 部分可以得到

$$S_{1,1} = S_{1,2}, \; S_{2,1} = S_{2,2} \; \text{且} \; S_{1,1} = \frac{s_2 + qa}{s_1 + pa} S_{2,2}.$$

用 Id 表示 2 阶单位矩阵, 记 $V = [1, 1]$. 那么下面方程的解 $D = [D_1, D_2]$

$$\left(-S^T + Id\right) D^T = V^T, \tag{1}$$

满足 $D_1 = D_2$, 记此值为 Λ.

按照 W_a 的单调性, 记其在区间 $I = [0,1]$ 上的分割为 I_1, I_2, I_3, I_4, 其中

$$I_1 = \left[0, \frac{s_1 - 1 + pa - 2ra}{2(s_1 + pa)}\right), \quad I_2 = \left(\frac{s_1 - 1 + pa - 2ra}{2(s_1 + pa)}, 1/2\right),$$

$$I_3 = \left(1/2, \frac{s_2 + 1 + qa + 2ra}{2(s_2 + qa)}\right), \quad I_4 = \left(\frac{s_2 + 1 + qa + 2ra}{2(s_2 + qa)}, 1\right].$$

我们定义如下的指标函数:

$$j(x) = i x \in I_i, i = 1, 2, 3, 4,$$

且

$$j(c_1) = 2, j(c_2) = 3.$$

接下来, 按照点的迭代, 我们定义其累积斜率为

$$\beta(x, 1) = \beta_{j(x)}, \quad \text{且 } \beta(x, n) = \beta(x, n - 1) \cdot \beta_{j(W_a^{n-1}(x))}, \quad n \geqslant 2.$$

特殊的, 我们有

$$\beta(1/2, n) = (s_1 + pa) \cdot W_a'(W_a(1/2)) \cdot W_a'(W_a^2(1/2)) \cdots W_a'(W_a^{n-1}(1/2)),$$

该式为点 $1/2$ 的 n 步轨道所对应的累积斜率. 让我们回顾一下, k 是满足 $W_a^j(1/2)$ 小于 $\frac{1}{2} - \frac{1/2 + ra}{s_1 + pa}$ 的首个时刻 j. 记 $k_1 = \left[\frac{2}{3}k\right]$ (即 $2k/3$ 的整数部分). 留意到当 $a \to 0$ 时 $k_1 \to \infty$. 记

$$\chi^s(t, x) = \begin{cases} \chi_{[0,x]}, & t > 0, \\ \chi_{[x,1]}, & t < 0. \end{cases}$$

现在我们给出 f_a 的公式:

引理 3.3.2 记

$$f_a = 1 + \left(1 + \frac{s_1 + pa}{s_2 + qa}\right) \Lambda \left(\sum_{n=1}^{\infty} \frac{\chi^s(\beta(1/2, n), W_a^n(1/2))}{|\beta(1/2, n)|}\right).$$

则 f_a 是 W_a 的不变非单位化密度函数. 此外, 对比较小的 $a > 0$, 我们有

（Ⅰ）如果 $\frac{1}{s_1} + \frac{1}{s_2} = 1$, 那么 $\Lambda < -1$;

（Ⅱ）如果 $\frac{1}{s_1} + \frac{1}{s_2} < 1$, 那么 Λ 的符号取决于 s_1 和 s_2, 它是正或负取决于

$$\vartheta = 1 - \left(\frac{s_1 + s_2}{s_1 s_2} + \frac{s_1 + s_2}{s_2^2(s_1 - 1)}\right) = 1 - \frac{s_1 + s_2}{s_1 s_2}\left(1 + \frac{s_1}{s_2(s_1 - 1)}\right)$$

的符号. $\vartheta = 0$ 时情形将会在 3.3 节进行讨论.

证明 由 [Góra, 2009] 中的定理 2, 以及引理 3.3.1 中的 (IV, V, VI) 部分, 我们可以得到

$$
\begin{aligned}
f_a &= 1 + D_1 \sum_{n=1}^{\infty} \frac{\chi^s(\beta(c_1, n), W_a^n(c_1))}{|\beta(c_1, n)|} + D_2 \sum_{n=1}^{\infty} \frac{\chi^s(-\beta(c_2, n), W_a^n(c_2))}{|\beta(c_2, n)|} \\
&= 1 + \Lambda \sum_{n=1}^{\infty} \frac{\chi^s(\beta(c_1, n), W_a^n(1/2))}{|\beta(c_1, n)|} + \Lambda \sum_{n=1}^{\infty} \frac{\chi^s(-\beta(c_2, n), W_a^n(1/2))}{|\beta(c_2, n)|} \\
&= 1 + \left(1 + \frac{s_1 + pa}{s_2 + qa}\right) \Lambda \left(\sum_{n=1}^{\infty} \frac{\chi^s(\beta(1/2, n), W_a^n(1/2))}{|\beta(1/2, n)|}\right).
\end{aligned}
$$

记 $s = \min\left\{\dfrac{2s_1}{s_1 - 1}, \dfrac{2s_2}{s_2 - 1}, s_1, s_2\right\}$. 注意 $s > 1$. 因为

$$
S_{1,1} \geqslant \frac{1}{s_1 + pa} + \frac{1}{s_2 + qa} \sum_{n=1}^{k_1-1} \frac{1}{(s_1 + pa)^n} = \frac{1}{s_1 + pa} + \frac{1}{s_2 + qa} \frac{1 - \dfrac{1}{(s_1 + pa)^{k_1-1}}}{s_1 + pa - 1},
$$

$$
S_{1,1} \leqslant \frac{1}{s_1 + pa} + \frac{1}{s_2 + qa} \left(\sum_{n=1}^{k_1-1} \frac{1}{(s_1 + pa)^n} + \frac{1}{(s_1 + pa)^{k_1-1}} \sum_{n=1}^{\infty} \frac{1}{s^n}\right)
$$

$$
= \frac{1}{s_1 + pa} + \frac{1}{s_2 + qa} \left(\frac{1 - \dfrac{1}{(s_1 + pa)^{k_1-1}}}{s_1 + pa - 1} + \frac{1}{(s_1 + pa)^{k_1-1}} \frac{1}{s - 1}\right),
$$

且 $\Lambda = \dfrac{1}{1 - \dfrac{s_1 + s_2 + pa + qa}{s_2 + qa} S_{1,1}}$, 我们可以得到

$$
\begin{aligned}
\Lambda_l &= \frac{1}{1 - \left(\kappa + \eta\left(1 - \dfrac{1}{(s_1 + pa)^{k_1-1}}\right)\right)} \leqslant \Lambda \\
&\leqslant \frac{1}{1 - \left(\kappa + \eta\left(1 - \dfrac{1}{(s_1 + pa)^{k_1-1}}\right) + \omega\right)} = \Lambda_h,
\end{aligned} \tag{3.3}
$$

其中

$$
\kappa = \frac{s_1 + s_2 + pa + qa}{(s_1 + pa)(s_2 + qa)}, \quad \eta = \frac{s_1 + s_2 + pa + qa}{(s_2 + qa)^2 (s_1 + pa - 1)},
$$

$$
\omega = \frac{s_1 + s_2 + pa + qa}{(s_2 + qa)^2} \frac{1}{(s_1 + pa)^{k_1-1}} \frac{1}{s - 1}.
$$

（Ⅰ）因为 κ 和 η 都小于 1 且靠近 1, 当 a 较小时, 估计值 Λ_l 和 Λ_h 都小于 -1. 此外, 当 a 趋于 0 时, κ 和 η 都趋于 1, ω 趋于 0.

（II）当 a 趋于 0 时, κ 和 η 分别趋于 $\dfrac{s_1+s_2}{s_1 s_2}$ 和 $\dfrac{s_1+s_2}{s_2^2(s_1-1)}$. 留意到对较小的 a, 估计值 Λ_l 和 Λ_h 可正可负且保持同号. □

对于较小的正数 a, $1/2$ 的第一个像是 $W_a(1/2)=1/2+ra$, 第二次迭代落在不动点 x_l^* 的下方, 且稍小于 $1/2$. 接下来的迭代值形成一个递减序列直至小于 $\dfrac{1}{2}-\dfrac{1/2+ra}{s_1+pa}$. 因为 k 是使得 $W_a^j(1/2)$ 小于 $\dfrac{1}{2}-\dfrac{1/2+ra}{s_1+pa}$ 的首次迭代时刻 j, 点 $1/2$ 的连线累积斜率为

$$(s_1+pa),\ -(s_1+pa)(s_2+qa),\ -(s_1+pa)^2(s_2+qa),\cdots,\ -(s_1+pa)^{k-1}(s_2+qa),$$

由此

$$f_a=1+\left(1+\frac{s_1+pa}{s_2+qa}\right)\Lambda\left(\frac{\chi_{[0,W_a(1/2)]}}{(s_1+pa)}+\sum_{j=2}^{k}\frac{\chi_{[W_a^j(1/2),1]}}{(s_1+pa)^{j-1}(s_2+qa)}+\cdots\right).\quad(3.4)$$

3.3.3　$\dfrac{1}{s_1}+\dfrac{1}{s_2}\leqslant 1$ 时 f_a 的估计、单位化以及积分

再次回顾 $k=\min\left\{j\geqslant 1:W_a^j(1/2)\leqslant\dfrac{1}{2}-\dfrac{1/2+ra}{s_1+pa}\right\}$, $k_1=\left[\dfrac{2}{3}k\right]$ ($2k/3$ 的整数部分), 接下来我们将给出 f_a 的估计式.

我们记

$$g_l=\frac{\chi_{[0,W_a(1/2)]}}{s_1+pa}+\frac{1}{s_2+qa}\sum_{j=2}^{k_1}\frac{\chi_{[W_a^j(1/2),1]}}{(s_1+pa)^{j-1}},$$

以及

$$g_h=g_l+\frac{1}{s_2+qa}\sum_{j=1}^{\infty}\frac{1}{(s_1+pa)^{k_1-1}s^j}=g_l+\frac{1}{(s_2+qa)(s-1)(s_1+pa)^{k_1-1}}.$$

同时, 记 $\chi_1=\chi_{[0,1/2+ra]}$, $\chi_j=\chi_{[W_a^j(1/2),1/2+ra]}$, $j=2,3,\ldots,k_1$, $\chi_c=\chi_{(1/2+ra,1]}$.

1. $\dfrac{1}{s_1}+\dfrac{1}{s_2}=1$ 时 f_a 的估计计算

我们有如下引理:

引理 3.3.3　如果 $\dfrac{1}{s_1}+\dfrac{1}{s_2}=1$ 对于映射簇 W_a, 我们有

（I）$W_a(1/2)=1/2+ra$, $W_a^2(1/2)=-ra(s_2+qa)+1/2+ra$, 且对于 $3\leqslant m\leqslant k$, 我们有 $W_a^m(1/2)=-a^2(s_1+pa)^{m-2}\dfrac{r(qs_1+ps_2-p-q)+rpqa}{s_1+pa-1}+\dfrac{s_1-1+pa-2ra}{2(s_1+pa-1)}$;

（II）$\lim\limits_{a\to 0}ak=0$;

(III) $\lim\limits_{a \to 0} \dfrac{1}{a(s_1 + pa)^k} = 0$;

(IV) $\lim\limits_{a \to 0} \dfrac{1}{a(s_1 + pa)^{k_1}} = 0$;

(V) $\lim\limits_{a \to 0} a^2(s_1 + pa)^{k_1} = 0$;

(VI) $\lim\limits_{a \to 0} W_a^{k_1}\left(\dfrac{1}{2}\right) = \dfrac{1}{2}$.

证明 假设（I）是正确的. 我们先来证明第（II）和第（III）条.

由 k 的定义可得

$$0 \leqslant -a^2(s_1 + pa)^{k-2}\frac{r(qs_1 + ps_2 - p - q) + rpqa}{s_1 + pa - 1} + \frac{s_1 - 1 + pa - 2ra}{2(s_1 + pa - 1)} \leqslant \frac{1}{2} - \frac{1/2 + ra}{s_1 + pa}. \tag{3.5}$$

(3.5) 式的第一个不等式表明

$$(s_1 + pa)^{k-2} \leqslant \frac{s_1 - 1 + pa - 2ra}{2a^2(r(qs_1 + ps_2 - p - q) + rpqa)},$$

因此,

$$ak \leqslant a\frac{\ln(s_1 - 1 + pa - 2ra) - \ln 2 - 2\ln a - \ln(r(qs_1 + ps_2 - p - q) + rpqa)}{\ln(s_1 + pa)} + 2a,$$

$$a \leqslant \frac{\sqrt{s_1 - 1 + pa - 2ra}(s_1 + pa)}{\sqrt{2(r(qs_1 + ps_2 - p - q) + rpqa)}(s_1 + pa)^{k/2}},$$

$$a^2(s_1 + pa)^{k_1} \leqslant \frac{(s_1 - 1 + pa - 2ra)(s_1 + pa)^2}{2(r(qs_1 + ps_2 - p - q) + rpqa)(s_1 + pa)^{k-k_1}},$$

由此得到（V）. 又 $\lim\limits_{a \to 0} a \ln a = 0$ 我们证明了（II）.

(3.5) 式的第二个不等式表明

$$\frac{1}{a(s_1 + pa)^{k-2}} \leqslant \frac{2a(r(qs_1 + ps_2 - p - q) + rpqa)(s_1 + pa)}{s_1 - 1 + pa - 2ra}.$$

所以,

$$\frac{1}{a(s_1 + pa)^k} \leqslant \frac{2a(r(qs_1 + ps_2 - p - q) + rpqa)}{(s_1 - 1 + pa - 2ra)(s_1 + pa)}, \tag{3.6}$$

当 $a \to 0$ 时我们即可得到第（III）部分.

另一方面, 式子 (3.6) 表明

$$
\begin{aligned}
\frac{1}{a(s_1+pa)^{k_1}} &\leqslant \frac{2a(r(qs_1+ps_2-p-q)+rpqa)(s_1+pa)^{k-k_1}}{(s_1+pa-2ra-1)(s_1+pa)} \\
&\leqslant \frac{\sqrt{2(r(qs_1+ps_2-p-q)+rpqa)}(s_1+pa)^{k-k_1}}{\sqrt{s_1+pa-2ra-1}(s_1+pa)^{k/2}} \\
&= \frac{\sqrt{2(r(qs_1+ps_2-p-q)+rpqa)}}{\sqrt{s_1+pa-2ra-1}(s_1+pa)^{k_1-k/2}}.
\end{aligned}
$$

由 k_1 的定义, 我们即可得到 (IV). 第 (VI) 部分可由第 (V) 部分推出.

现在我们来证明第 (I) 部分.

$x_l^* = \dfrac{s_1-1+pa-2ra}{2(s_1-1+pa)}$ 是稍小于 $1/2$ 的不动点, 且

$$
x_l^* - W_a^2(1/2) = \frac{ra^2(q(s_1-1)+p(s_2-1)+apq)}{s_1-1+pa} > 0,
$$

此式意味着当 $3 \leqslant m \leqslant k$ 时, $W_a^m(1/2)$ 均在 W_a 第二分支的定义域内. 对一个线性函数 $T(x) = m_0 x + b_0$, 可知 $T^n(x) = m_0^n x + \dfrac{m_0^n-1}{m_0-1}b_0$. 这就证明了 (I). □

由 (3.4) 和 (3.3) 式, 以及函数 $f_l = 1 + \left(1+\dfrac{s_1+pa}{s_2+qa}\right)\Lambda_l g_h$ 和 $f_h = 1 + \left(1+\dfrac{s_1+pa}{s_2+qa}\right)\Lambda_h g_l$, 我们可以得到

$$
f_l \leqslant f_a \leqslant f_h. \tag{3.7}
$$

现在, 我们将要把 f_l 和 f_h 用特征函数 $\chi_j, j = 1, \cdots, k_1$ 和 χ_c 的组合来表示. 我们可以得到

$$
\begin{aligned}
f_l ={}& 1 + \left(1+\frac{s_1+pa}{s_2+qa}\right)\Lambda_l\left(\frac{\chi_{[0,W_a(1/2)]}}{s_1+pa} + \frac{1}{s_2+qa}\sum_{j=2}^{k_1}\frac{\chi_{[W_a^j(1/2),1]}}{(s_1+pa)^{j-1}}\right. \\
&\left. + \frac{1}{(s_2+qa)(s-1)(s_1+pa)^{k_1-1}}\right) \\
={}& \left(\frac{s_1+s_2+pa+qa}{(s_2+qa)(s_1+pa)}\Lambda_l + 1\right)\chi_1 + \frac{s_1+s_2+pa+qa}{(s_2+qa)^2}\Lambda_l\sum_{j=2}^{k_1}\frac{\chi_j}{(s_1+pa)^{j-1}} \\
&+ \left(\frac{s_1+s_2+pa+qa}{(s_2+pa)^2}\Lambda_l\frac{1-\dfrac{1}{(s_1+pa)^{k_1-1}}}{s_1+pa-1} + 1\right)\chi_c \\
&+ \frac{\dfrac{s_1+s_2+pa+qa}{s_2+qa}\Lambda_l}{(s_2+qa)(s-1)(s_1+pa)^{k_1-1}},
\end{aligned}
$$

$$f_h = 1 + \left(1 + \frac{s_1 + pa}{s_2 + qa}\right) \Lambda_h \left(\frac{\chi_{[0, W_a(1/2)]}}{s_1 + pa} + \frac{1}{s_2 + qa} \sum_{j=2}^{k_1} \frac{\chi_{[W_a^j(1/2), 1]}}{(s_1 + pa)^{j-1}}\right)$$

$$= \left(\frac{s_1 + s_2 + pa + qa}{(s_2 + qa)(s_1 + pa)} \Lambda_h + 1\right) \chi_1 + \frac{s_1 + s_2 + pa + qa}{(s_2 + qa)^2} \Lambda_h \sum_{j=2}^{k_1} \frac{\chi_j}{(s_1 + pa)^{j-1}}$$

$$+ \left(\frac{s_1 + s_2 + pa + qa}{(s_2 + qa)^2} \Lambda_h \frac{1 - \dfrac{1}{(s_1 + pa)^{k_1-1}}}{s_1 + pa - 1} + 1\right) \chi_c.$$

根据我们所考虑的设定, (3.3) 式表明 Λ_l 和 Λ_h 都小于 -1. 由此我们可以说明, 当 a 足够小时, f_l 和 f_h 表达式中的所有系数均为负数. 作为一个例子, 我们考虑 f_h 中 χ_1 的系数:

$$\frac{s_1 + s_2 + pa + qa}{(s_2 + qa)(s_1 + pa)} \Lambda_h + 1 = \frac{\kappa}{1 - \left(\kappa + \eta\left(1 - \dfrac{1}{(s_1 + pa)^{k_1-1}}\right) + \omega\right)} + 1$$

$$= \frac{1 - \eta + \dfrac{\eta}{(s_1 + pa)^{k_1-1}} - \omega}{1 - \left(\kappa + \eta\left(1 - \dfrac{1}{(s_1 + pa)^{k_1-1}}\right) + \omega\right)} < 0.$$

2. $\dfrac{1}{s_1} + \dfrac{1}{s_2} = 1$ 时的单位化和积分

记 $J_1 = [0, W_a^{k_1}(1/2)]$, $J_2 = (W_a^{k_1}(1/2), 1/2 + ra]$, $J_3 = (1/2 + ra, 1]$. 我们将要分别计算 f_h 在区间 J_1, J_2, J_3 上的积分, 然后用这些积分值来单位化 f_h. 我们有

$$C_1 = \int_{J_1} f_h \, \mathrm{d}L = \int_{J_1} \left[\frac{s_1 + s_2 + pa + qa}{(s_2 + qa)(s_1 + pa)} \Lambda_h + 1\right] \chi_1 \, \mathrm{d}L$$

$$= \left[\frac{s_1 + s_2 + pa + qa}{(s_2 + qa)(s_1 + pa)} \Lambda_h + 1\right] W_a^{k_1}\left(\frac{1}{2}\right)$$

$$= \left[\frac{\kappa}{1 - \left(\kappa + \eta\left(1 - \dfrac{1}{(s_1 + pa)^{k_1-1}}\right) + \omega\right)} + 1\right] W_a^{k_1}\left(\frac{1}{2}\right)$$

$$= \left[\frac{a(2qs_1s_2 + ps_2^2 - 2qs_2 - p - q)}{\left(1 - \left(\kappa + \eta\left(1 - \dfrac{1}{(s_1 + pa)^{k_1-1}}\right) + \omega\right)\right)(s_2 + qa)^2(s_1 + pa - 1)}\right.$$

$$\left. + \frac{a^2(2pqs_2 - q^2 + q^2s_1) + pq^2a^3}{\left(1 - \left(\kappa + \eta\left(1 - \dfrac{1}{(s_1 + pa)^{k_1-1}}\right) + \omega\right)\right)(s_2 + qa)^2(s_1 + pa - 1)}\right.$$

$$+\frac{\dfrac{\eta}{(s_1+pa)^{k_1-1}}-\omega}{1-\left(\kappa+\eta\left(1-\dfrac{1}{(s_1+pa)^{k_1-1}}\right)+\omega\right)}\Bigg]W_a^{k_1}\left(\frac{1}{2}\right).$$

由引理 3.3.3, 可以得到

$$\lim_{a\to 0}\frac{C_1}{a}=-\frac{2qs_1s_2+ps_2^2-2qs_2-p-q}{2s_2^2(s_1-1)}=-\frac{2qs_1+ps_2^2-p-q}{2s_2s_1}.$$

同样的, 对任意的 $0<\theta<1/2$, 我们可得

$$\lim_{a\to 0}\frac{1}{a}\int_0^\theta f_h\mathrm{d}L=-\frac{2qs_1+ps_2^2-p-q}{s_2s_1}\theta.$$

在区间 J_2 上, f_h 的积分是

$$C_2=\int_{J_2}f_h\mathrm{d}L=\int_{J_2}\left[\frac{s_1+s_2+pa+qa}{(s_2+qa)(s_1+pa)}\Lambda_h+1\right]\chi_1\mathrm{d}L$$

$$+\frac{s_1+s_2+pa+qa}{(s_2+qa)^2}\Lambda_h\sum_{j=2}^{k_1}\int_{J_2}\frac{\chi_j}{(s_1+a)^{j-1}}\mathrm{d}L$$

$$=\frac{1-\eta+\dfrac{\eta}{(s_1+pa)^{k_1-1}}-\omega}{1-\left(\kappa+\eta\left(1-\dfrac{1}{(s_1+pa)^{k_1-1}}\right)+\omega\right)}\left(\frac{1}{2}+ra-W_a^{k_1}\left(\frac{1}{2}\right)\right)$$

$$+\frac{s_1+s_2+pa+qa}{(s_2+qa)^2}\Lambda_h\Bigg[\frac{ra(s_2+qa)}{s_1+pa}+\frac{ra\left(1-\dfrac{1}{(s_1+pa)^{k_1-2}}\right)}{(s_1+pa-1)^2}$$

$$+\frac{a^2(k_1-2)}{s_1+pa}\frac{r(qs_1+ps_2-p-q)+rpqa}{s_1+pa-1}\Bigg].$$

由引理 3.3.3 可得

$$\lim_{a\to 0}\frac{C_2}{a}=-\frac{s_1+s_2}{s_2^2}\left[\frac{rs_2}{s_1}+\frac{r}{(s_1-1)^2}\right]=-rs_2.$$

在区间 J_3 上 f_h 的积分是

$$C_3=\int_{J_3}f_h\mathrm{d}L=\int_{J_3}\left(\frac{s_1+s_2+pa+qa}{(s_2+qa)^2}\Lambda_h\frac{1-\dfrac{1}{(s_1+pa)^{k_1-1}}}{s_1+pa-1}+1\right)\chi_c\mathrm{d}L$$

$$= \left[\frac{\left(1 - \dfrac{1}{(s_1 + pa)^{k_1-1}}\right)\eta}{1 - \left(\kappa + \eta\left(1 - \dfrac{1}{(s_1 + pa)^{k_1-1}}\right) + \omega\right)} + 1 \right]\left(\frac{1}{2} - ra\right)$$

$$= \frac{\dfrac{a(qs_1 + ps_2 - p - q) + pqa^2}{(s_1 + pa)(s_2 + qa)} - \omega}{1 - \left(\kappa + \eta\left(1 - \dfrac{1}{(s_1 + pa)^{k_1-1}}\right) + \omega\right)}\left(\frac{1}{2} - ra\right).$$

由引理 3.3.3 可得

$$\lim_{a \to 0} \frac{C_3}{a} = -\frac{qs_1 + ps_2 - p - q}{2s_1 s_2}.$$

同样的, 对任意 $0 < \theta < 1/2$, 我们有

$$\lim_{a \to 0} \frac{1}{a}\int_{1/2+\theta}^{1} f_h \mathrm{d}L = -\frac{qs_1 + ps_2 - p - q}{s_1 s_2}\left(\frac{1}{2} - \theta\right).$$

如果我们记 $B = C_1 + C_2 + C_3$, 那么 $\dfrac{f_h}{B}$ 是一个单位化的密度函数. 我们有

$$\lim_{a \to 0} \frac{B}{a} = -\frac{(qs_1 + ps_2 - p - q)(s_2 + 2) + 2rs_1 s_2^2}{2s_1 s_2}.$$

上面的计算表明单位化测度 $\{(f_h/B) \cdot L\}$ 弱 $*$ 收敛到下面的测度

$$\frac{(qs_1 + ps_2 - p - q)(s_2 + 2)}{(qs_1 + ps_2 - p - q)(s_2 + 2) + 2rs_1 s_2^2}\mu_0 + \frac{2rs_1 s_2^2}{(qs_1 + ps_2 - p - q)(s_2 + 2) + 2rs_1 s_2^2}\delta_{(\frac{1}{2})}.$$

现在, 我们来证明由 f_l 所定义的单位化测度也有同样的收敛结果. 想要获得这个证明, 首先留意到

$$f_h - f_l = \left(1 + \frac{s_1 + pa}{s_2 + qa}\right)\Lambda_h g_l - \left(1 + \frac{s_1 + pa}{s_2 + qa}\right)\Lambda_l g_h$$

$$= \left(1 + \frac{s_1 + pa}{s_2 + qa}\right)(\Lambda_h - \Lambda_l)g_l - \Lambda_l \frac{1 + \dfrac{s_1 + pa}{s_2 + qa}}{(s_2 + qa)(s - 1)(s_1 + pa)^{k_1-1}}$$

$$= \frac{\omega\left(1 + \dfrac{s_1 + pa}{s_2 + qa}\right)}{\left(1 - \left(\kappa + \eta\left(1 - \dfrac{1}{(s_1 + pa)^{k_1-1}}\right) + \omega\right)\right)\left(1 - \kappa - \eta\left(1 - \dfrac{1}{(s_1 + pa)^{k_1-1}}\right)\right)}g_l$$

$$- \Lambda_l \frac{1 + \dfrac{s_1 + pa}{s_2 + qa}}{(s_2 + qa)(s - 1)(s_1 + pa)^{k_1-1}},$$

其中 $|g_l| \leqslant \dfrac{2}{s_1}$ 且 $\lim\limits_{a \to 0} \Lambda_l = -1$. 再次由引理 3.3.3, 我们可以证明, 对任意的子区间 $J \subset [0,1]$, 我们有

$$\lim_{a \to 0} \frac{1}{a} \int_J (f_h - f_l) \mathrm{d}L = 0.$$

$J = [0,1]$ 时该式意味着单位化的 f_l 和 f_h 是渐进相同的. 关于任意 J 的极限表明 f_l 所定义的单位化测度与 f_h 所定义的单位化测度同样的弱 $*$ 收敛到同一个极限. 此时由不等式 (3.7) 定理 3.2.1(II) 即可获得证明.

3. $\dfrac{1}{s_1} + \dfrac{1}{s_2} < 1$ 时 f_a 的估计计算

首先我们有下面的引理:

引理 3.3.4　当 $\dfrac{1}{s_1} + \dfrac{1}{s_2} < 1$ 时, 对于映射簇 W_a, 我们有如下结论:

(I) $W_a(1/2) = 1/2 + ra$, $W_a^2(1/2) = -ra(s_2 + qa) + 1/2 + ra$, 且当 $3 \leqslant m \leqslant k$ 时我们有 $W_a^m(1/2) = -a(s_1 + pa)^{m-2} \dfrac{r[s_1 s_2 - s_1 - s_2 + a(qs_1 + ps_2 - p - q + pqa)]}{s_1 + pa - 1} + \dfrac{s_1 - 1 + pa - 2ra}{2(s_1 + pa - 1)}$;

(II) $\lim\limits_{a \to 0} ak = 0$;

(III) $\lim\limits_{a \to 0} a(s_1 + pa)^{k_1} = 0$;

(IV) $\lim\limits_{a \to 0} W_a^{k_1}\left(\dfrac{1}{2}\right) = \dfrac{1}{2}$.

证明　假设 (I) 成立. 我们先来证明 (II) 和 (III).

由 k 的定义可知:

$$\begin{aligned}
0 \leqslant &- a(s_1 + pa)^{k-2} \frac{r[s_1 s_2 - s_1 - s_2 + a(qs_1 + ps_2 - p - q + pqa)]}{s_1 + pa - 1} \\
&+ \frac{s_1 - 1 + pa - 2ra}{2(s_1 + pa - 1)}.
\end{aligned} \tag{3.8}$$

不等式 (3.8) 表明

$$a(s_1 + pa)^{k-2} \leqslant \frac{s_1 - 1 + pa - 2ra}{2r[s_1 s_2 - s_1 - s_2 + a(qs_1 + ps_2 - p - q + pqa)]},$$

因此,

$$\begin{aligned}
ak \leqslant a &\frac{\ln(s_1 - 1 + pa - 2ra) - \ln 2 + 2\ln(s_1 + pa) - \ln r - \ln a}{\ln(s_1 + pa)} \\
&- a\frac{\ln(2r[s_1 s_2 - s_1 - s_2 + a(qs_1 + ps_2 - p - q + pqa)])}{\ln(s_1 + pa)},
\end{aligned}$$

$$a(s_1 + pa)^{k_1} \leqslant \frac{(s_1 - 1 + pa - 2ra)(s_1 + pa)^2}{2r[s_1 s_2 - s_1 - s_2 + a(qs_1 + ps_2 - p - q + pqa)](s_1 + pa)^{k - k_1}},$$

考虑到 $\lim\limits_{a \to 0} a \ln a = 0$, 我们即可得到 (II) 和 (III). (IV) 可直接由 (III) 导出.

现在我们来证明第 (I) 部分.

$x_l^* = \dfrac{s_1 - 1 + pa - 2ra}{2(s_1 - 1 + pa)}$ 是稍小于 $1/2$ 的不动点, 且

$$x_l^* - W_a^2(1/2) = \frac{ra\left[s_1 s_2 - s_1 - s_2 + a(q s_1 + p s_2 - p - q + pqa)\right]}{s_1 - 1 + pa} > 0,$$

此式表明当 $3 \leqslant m \leqslant k$ 时, $W_a^m(1/2)$ 都落在映射 W_a 的第二分支的定义域内. 现在, 第 (I) 部分可由引理 3.3.3 中的同样原因得到. □

引理 3.3.5 如果单位化密度函数集 $\{h_a\}_{a < a_0}$, $a_0 > 0$ 是一致有界的, 那么在 $\mathcal{L}^1$ 中 $h_a \to h_0$.

证明 $\{h_a\}_{a < a_0}$ 的一致有界性意味着它是 $\mathcal{L}^1$ 中的一个弱列紧集. 因此, 由 [Boyarsky and Góra, 1997] 中的性质 11.3.1 可知, $\{h_a\}_{a < a_0}$ 的任意一个极限都是一个不变密度函数. 同时, 该极限是一个 $\mathcal{L}^1$ 函数, 从而可以定义一个绝对连续不变测度. 因为 W_0 是正则的且仅有一个绝对连续不变测度, 所以在 $\mathcal{L}^1$ 中, $h_a \to h_0$. □

现在我们给出定理 3.2.2 的证明.

证明的主要思想如下: 因为非单位化密度函数集 $\{f_a\}$ 是一致有界的 (式子 (3.9, 3.10, 3.11)), 我们只需证明 $\left\{\displaystyle\int_0^1 f_a dL\right\}$ 一致远离 0.

对于较小的 a, 由引理 3.3.2, Λ(由此 Λ_l 和 Λ_h) 是或正或负. 因此我们有如下两种情形.

情形 (i): $\Lambda_l < 0$.

比较 (3.4) 式和 (3.3) 式可知, 关于函数 $\widehat{f}_l = 1 + \left(1 + \dfrac{s_1 + pa}{s_2 + qa}\right)\Lambda_l g_h$ 和 $\widehat{f}_h = 1 + \left(1 + \dfrac{s_1 + pa}{s_2 + qa}\right)\Lambda_h g_l$, 有如下不等式

$$\widehat{f}_l \leqslant f_a \leqslant \widehat{f}_h. \tag{3.9}$$

注意到 $\widehat{f}_l$ 和 $\widehat{f}_h$ 分别有与 3.3.3 节中的 f_l 和 f_h 同样的表达形式, 因此, 它们的由 χ_j, $j = 1, \cdots, k_1$ 和 χ_c 所组合的表达式分别与 f_l 和 f_h 的表达式是类似的. 同时, 我们有 $\dfrac{1}{s_1} + \dfrac{1}{s_2} < 1$, 这样得到如下表达式:

$$\widehat{f}_l = \left(\frac{s_1 + s_2 + pa + qa}{(s_2 + qa)(s_1 + pa)}\Lambda_l + 1\right)\chi_1 + \frac{s_1 + s_2 + pa + qa}{(s_2 + qa)^2}\Lambda_l \sum_{j=2}^{k_1} \frac{\chi_j}{(s_1 + pa)^{j-1}}$$

$$+ \left(\frac{s_1 + s_2 + pa + qa}{(s_2 + pa)^2} \Lambda_l \frac{1 - \dfrac{1}{(s_1 + pa)^{k_1 - 1}}}{s_1 + pa - 1} + 1 \right) \chi_c$$

$$+ \frac{\dfrac{s_1 + s_2 + pa + qa}{s_2 + qa} \Lambda_l}{(s_2 + qa)(s - 1)(s_1 + pa)^{k_1 - 1}},$$

$$\widehat{f_h} = \left(\frac{s_1 + s_2 + pa + qa}{(s_2 + qa)(s_1 + pa)} \Lambda_h + 1 \right) \chi_1 + \frac{s_1 + s_2 + pa + qa}{(s_2 + qa)^2} \Lambda_h \sum_{j=2}^{k_1} \frac{\chi_j}{(s_1 + pa)^{j-1}}$$

$$+ \left(\frac{s_1 + s_2 + pa + qa}{(s_2 + qa)^2} \Lambda_h \frac{1 - \dfrac{1}{(s_1 + pa)^{k_1 - 1}}}{s_1 + pa - 1} + 1 \right) \chi_c.$$

(3.3) 式表明, 当 a 足够小的时候, $\widehat{f_l}$ 和 $\widehat{f_h}$ 表达式中的所有系数都是负数.

我们使用与 3.3.3 节中相同的符号 J_1, J_2 和 J_3. 首先, 假设

$$\vartheta = 1 - \left(\frac{s_1 + s_2}{s_1 s_2} + \frac{s_1 + s_2}{s_2^2(s_1 - 1)} \right) \neq 0,$$

我们来进行计算证明.

我们将分别计算 $\widehat{f_h}$ 在区间 J_1, J_2 和 J_3 上的积分, 今儿使用它们来单位化 $\widehat{f_h}$. 我们有如下结论

$$\widehat{C_1} = \int_{J_1} \widehat{f_h} \mathrm{d}L = \int_{J_1} \left[\frac{s_1 + s_2 + pa + qa}{(s_2 + qa)(s_1 + pa)} \Lambda_h + 1 \right] \chi_1 \mathrm{d}L$$

$$= \left[\frac{s_1 + s_2 + pa + qa}{(s_2 + qa)(s_1 + pa)} \Lambda_h + 1 \right] W_a^{k_1} \left(\frac{1}{2} \right)$$

$$= \left[\frac{\kappa}{1 - \left(\kappa + \eta \left(1 - \dfrac{1}{(s_1 + pa)^{k_1 - 1}} \right) + \omega \right)} + 1 \right] W_a^{k_1} \left(\frac{1}{2} \right)$$

$$= \left[\frac{s_1 s_2^2 - s_1 - s_2 - s_2^2}{\left(1 - \left(\kappa + \eta \left(1 - \dfrac{1}{(s_1 + pa)^{k_1 - 1}} \right) + \omega \right) \right) (s_2 + qa)^2 (s_1 + pa - 1)} \right.$$

$$\left. + \frac{a(2qs_1 s_2 + ps_2^2 - 2qs_2 - p - q)}{\left(1 - \left(\kappa + \eta \left(1 - \dfrac{1}{(s_1 + pa)^{k_1 - 1}} \right) + \omega \right) \right) (s_2 + qa)^2 (s_1 + pa - 1)} \right.$$

$$+\frac{a^2(2pqs_2-q^2+q^2s_1)+pq^2a^3}{\left(1-\left(\kappa+\eta\left(1-\dfrac{1}{(s_1+pa)^{k_1-1}}\right)+\omega\right)\right)(s_2+qa)^2(s_1+pa-1)}$$

$$+\frac{\dfrac{\eta}{(s_1+pa)^{k_1-1}}-\omega}{1-\left(\kappa+\eta\left(1-\dfrac{1}{(s_1+pa)^{k_1-1}}\right)+\omega\right)}\Bigg]W_a^{k_1}(\tfrac{1}{2}).$$

借助于引理 3.3.4, 可得

$$\lim_{a\to0}\widehat{C}_1=\frac{1}{2}\frac{\dfrac{s_1s_2^2-s_1-s_2-s_2^2}{s_2^2(s_1-1)}}{1-\left(\dfrac{s_1+s_2}{s_1s_2}+\dfrac{s_1+s_2}{s_2^2(s_1-1)}\right)}=\frac{1}{2}\frac{1-\dfrac{s_1+s_2}{s_2^2(s_1-1)}}{1-\left(\dfrac{s_1+s_2}{s_1s_2}+\dfrac{s_1+s_2}{s_2^2(s_1-1)}\right)}.$$

在区间 J_2 上, $\widehat{f}_h$ 的积分是:

$$\widehat{C}_2=\int_{J_2}\widehat{f}_h\mathrm{d}L=\int_{J_2}\left[\frac{s_1+s_2+pa+qa}{(s_2+qa)(s_1+pa)}\Lambda_h+1\right]\chi_1\mathrm{d}L$$

$$+\frac{s_1+s_2+pa+qa}{(s_2+qa)^2}\Lambda_h\sum_{j=2}^{k_1}\int_{J_2}\frac{\chi_j}{(s_1+pa)^{j-1}}\mathrm{d}L$$

$$=\frac{1-\eta\left(1-\dfrac{1}{(s_1+pa)^{k_1-1}}\right)-\omega}{1-\left(\kappa+\eta\left(1-\dfrac{1}{(s_1+pa)^{k_1-1}}\right)+\omega\right)}\left(\frac{1}{2}+ra-W_a^{k_1}\left(\frac{1}{2}\right)\right)$$

$$+\frac{s_1+s_2+pa+qa}{(s_2+qa)^2}\Lambda_h\left[\frac{ra(s_2+qa)}{s_1+pa}+\frac{ra\left(1-\dfrac{1}{(s_1+pa)^{k_1-2}}\right)}{(s_1+pa-1)^2}\right.$$

$$\left.+\frac{a(k_1-2)}{s_1+pa}\frac{r(s_1s_2-s_1-s_2+a(qs_1+ps_2-p-q+pqa))}{s_1+pa-1}\right].$$

借助于引理 3.3.4, 我们有 $\displaystyle\lim_{a\to0}\widehat{C}_2=0$.

在区间 J_3 上, $\widehat{f}_h$ 的积分是:

$$\widehat{C}_3=\int_{J_3}\widehat{f}_h\mathrm{d}L=\int_{J_3}\left(\frac{s_1+s_2+pa+qa}{(s_2+qa)^2}\Lambda_h\frac{1-\dfrac{1}{(s_1+pa)^{k_1-1}}}{s_1+pa-1}+1\right)\chi_c\mathrm{d}L$$

$$= \left[\frac{\eta\left(1 - \dfrac{1}{(s_1 + pa)^{k_1 - 1}}\right)}{1 - \left(\kappa + \eta\left(1 - \dfrac{1}{(s_1 + pa)^{k_1 - 1}}\right) + \omega\right)} + 1\right]\left(\frac{1}{2} - ra\right)$$

$$= \frac{\dfrac{s_1 s_2 - s_1 - s_2 + a(qs_1 + ps_2 - p - q) + pqa^2}{(s_1 + pa)(s_2 + qa)} - \omega}{1 - \left(\kappa + \eta\left(1 - \dfrac{1}{(s_1 + pa)^{k_1 - 1}}\right) + \omega\right)}\left(\frac{1}{2} - ra\right).$$

再次由引理 3.3.4, 我们得到

$$\lim_{a \to 0} \widehat{C}_3 = \frac{1}{2} \frac{1 - \dfrac{s_1 + s_2}{s_1 s_2}}{1 - \left(\dfrac{s_1 + s_2}{s_1 s_2} + \dfrac{s_1 + s_2}{s_2^2(s_1 - 1)}\right)}.$$

此时如果我们取 $\widehat{B} = \widehat{C}_1 + \widehat{C}_2 + \widehat{C}_3$, 则

$$\lim_{a \to 0} \widehat{B} = \frac{1}{2} \frac{2 - \left(\dfrac{s_1 + s_2}{s_1 s_2} + \dfrac{s_1 + s_2}{s_2^2(s_1 - 1)}\right)}{1 - \left(\dfrac{s_1 + s_2}{s_1 s_2} + \dfrac{s_1 + s_2}{s_2^2(s_1 - 1)}\right)},$$

此值不等于 0. 因为 $\{\widehat{f}_h\}$ 是一致有界的, 所以单位化的 $\{\widehat{f}_h\}$ 也是一致有界的.

现在, 我们来证明单位化的 $\{\widehat{f}_l\}$ 也是一致有界的. 为了得到这一结论, 我们首先注意到:

$$\widehat{f}_h - \widehat{f}_l = \left(1 + \frac{s_1 + pa}{s_2 + qa}\right)\Lambda_h g_l - \left(1 + \frac{s_1 + pa}{s_2 + qa}\right)\Lambda_l g_h$$

$$= \left(1 + \frac{s_1 + pa}{s_2 + qa}\right)(\Lambda_h - \Lambda_l)g_l - \Lambda_l \frac{1 + \dfrac{s_1 + pa}{s_2 + qa}}{(s_2 + qa)(s - 1)(s_1 + pa)^{k_1 - 1}}$$

$$= \frac{\omega\left(1 + \dfrac{s_1 + pa}{s_2 + qa}\right)}{\left(1 - \left(\kappa + \eta\left(1 - \dfrac{1}{(s_1 + pa)^{k_1 - 1}}\right) + \omega\right)\right)\left(1 - \kappa - \eta\left(1 - \dfrac{1}{(s_1 + pa)^{k_1 - 1}}\right)\right)} g_l$$

$$- \Lambda_l \frac{1 + \dfrac{s_1 + pa}{s_2 + qa}}{(s_2 + qa)(s - 1)(s_1 + pa)^{k_1 - 1}},$$

其中 $|g_l| \leqslant \dfrac{1}{s_1} + \dfrac{1}{s_2(s_1 - 1)}$ 且 $\lim\limits_{a \to 0} \Lambda_l = \dfrac{1}{1 - \left(\dfrac{s_1 + s_2}{s_1 s_2} + \dfrac{s_1 + s_2}{s_2^2(s_1 - 1)}\right)}$. 因此, $\lim\limits_{a \to 0} \widehat{f}_h - \widehat{f}_l = 0$. 从而我们得到单位化的 $\{\widehat{f}_l\}$ 是一致有界的, 原因是单位化的 $\{\widehat{f}_h\}$ 是一致有界的. 所以, 经过单位化, $\{f_a\}$ 是一致有界的.

情形 (ii): $\Lambda_l > 0$.

该条件意味着 (3.4) 式中的 f_a 有如下性质:

$$f_a \geqslant 1, \tag{3.10}$$

且 (3.4) 式中各特征函数的系数均为正数. 注意到对较小的 a, Λ 总是正的. 因此,

$$f_a \leqslant 1 + \left(1 + \frac{s_1 + pa}{s_2 + qa}\right) \Lambda \sum_{n=1}^{\infty} \frac{1}{|\beta(1/2, n)|}, \tag{3.11}$$

该式右边是有限的, 这是因为映射簇 $\{W_a\}$ 是扩张的. 由 (3.10) 式我们可以得到, 单位化的 $\{f_a\}$ 是一致有界的.

若 $\vartheta = 1 - \left(\dfrac{s_1 + s_2}{s_1 s_2} + \dfrac{s_1 + s_2}{s_2^2(s_1 - 1)}\right) = 0$, 那么 $\lim\limits_{a \to 0} \dfrac{1}{\Lambda_l} = \lim\limits_{a \to 0} \dfrac{1}{\Lambda_h} = 0$, 且 Λ_l 和 Λ_h 仍然同号. 我们就可以单位化 f_a. 让我们以 $\widehat{f_h}$ 为例. 在 $\widehat{f_h}$ 上乘以 $\dfrac{1}{\Lambda_h}$, 可以得到

$$\frac{1}{\Lambda_h}\widehat{f_h} = \left(\frac{s_1 + s_2 + pa + qa}{(s_2 + qa)(s_1 + pa)} + \frac{1}{\Lambda_h}\right)\chi_1 + \frac{s_1 + s_2 + pa + qa}{(s_2 + qa)^2}\sum_{j=2}^{k_1} \frac{\chi_j}{(s_1 + pa)^{j-1}}$$
$$+ \left(\frac{s_1 + s_2 + pa + qa}{(s_2 + qa)^2} \frac{1 - \dfrac{1}{(s_1 + pa)^{k_1-1}}}{s_1 + pa - 1} + \frac{1}{\Lambda_h}\right)\chi_c.$$

注意到 χ_1 和 χ_c 的系数分别收敛到 $\dfrac{s_1 + s_2}{s_1 s_2}$ 与 $\dfrac{s_1 + s_2}{s_2^2(s_1 - 1)}$. 由此 $\left\{\displaystyle\int_0^1 \frac{1}{\Lambda_h}\widehat{f_h}\, dL\right\}$ 远离 0. 这就意味着 $\left\{\dfrac{1}{\Lambda_h}\widehat{f_h}\right\}$ 是一致有界的. 同样的计算过程可以应用到 $\widehat{f_l}$ 上. 由此我们证明了 $\left\{\dfrac{1}{\Lambda}f_a\right\}$ 是一致有界的.

3.4 一个例子

对于一个区间上的分段扩张变换来讲, 其中一个重要的性质是它的不变密度函数在其支撑集上的下确界大于零. 文献 [Keller, 1978] 和 [Kowalski, 1979] 证明了下面的结论.

定理 3.4.1 设变换 $\tau: I \to I$ 是分段扩张的, 且 $\dfrac{1}{|\tau'(x)|}$ 为一个有界变差函数. 其不变密度函数为 f, 该函数也可以假设为下半连续的. 那么存在一个常数 $c > 0$ 使得 $f|_{supp\, f} > c$ 成立.

此处, 我们提供一个例子, 用来说明该结论不能够被推广到扩张映射簇上去, 哪怕是该簇映射都满足上述定理的条件且收敛到一个也满足上述定理中条件的映射. 我们用 $d(\cdot, \cdot)$ 来表示关于测度的弱拓扑空间上的距离.

例 3.4.1　首先我们固定

$$s_1 = s_2 = 2, \ p = q = 1.$$

对较小的 $a > 0$, 我们用 $W_{a,r}$ 来标记随参数 r 变化的 W_a 映射, 同时记 $\mu_{a,r}$ 为 $W_{a,r}$ 的绝对连续不变测度. 我们知道 $\mu_{a,r}$ 的支撑集为 $[0,1]$ 且 $W_{a,r}$ 相对于 $\mu_{a,r}$ 是正则的. 使用定理 3.2.1, 可知 $\{\mu_{a,r}\}$ 弱 $*$ 收敛到测度

$$\mu_{0,r} = \frac{1}{1+2r}\mu_0 + \frac{2r}{1+2r}\delta_{(\frac{1}{2})}.$$

取 $r_n = n, \ n = 1, 2, 3, \cdots$. 同时, 设 $\{a_n\}_1^\infty$ 满足 $r_n a_n < 1/2$ 且使得

$$d(\mu_{a_n, r_n}, \mu_{0, r_n}) < \frac{1}{n}.$$

现在, 对于映射簇 $\tau_n = W_{a_n, r_n}, \ n = 1, 2, 3, \cdots$, 我们有 τ_n 收敛到 W_0 且 $|\tau_n'(x)| > 2$. 但是, 不变密度 μ_{a_n, r_n} 收敛到 $\delta_{(\frac{1}{2})}$. 这表明对应于 $\{\mu_{a_n, r_n}\}$ 的不变密度 $\{f_{a_n, r_n}\}$ 没有一致正下界.

第 4 章 W-形映射对应算子的孤立谱点的不稳定性

4.1 简   述

在前面的几章中, 我们讨论了动力系统理论中的重要问题之一: 系统的稳定性和不稳定性 [Boyarsky and Góra, 1997, Keller, 1982, Keller and Liverani, 1999]. 特别的, 关于区间上分段扩张映射的理论中, 一个比较有趣的问题是, 所给的系统是否有稳定的绝对连续不变测度. 更一般的讲, Perron-Frobenius 算子的孤立谱点在映射受到较小扰动时是否稳定.

概括的讲, 我们所感兴趣的关于动力系统稳定性的问题采用如下设定: 设 τ_0 是区间上的一个分段扩张映射, 其绝对连续不变测度为 μ_0. 而 $\{\tau_a\}_{a>0}$ 是它的一簇扰动映射, 它们对应的绝对连续不变测度为 μ_a. 如果映射 τ_a 收敛到 τ_0(例如, 按 Skorokhod 距离收敛), 那么它们的绝对连续不变测度是否收敛到 μ_0 (例如, 在弱 $*$ 拓扑下)? 更一般的, P_{τ_a} 的孤立谱点是否收敛到 P_{τ_0} 的孤立谱点, 包括重数及其对应的特征函数? 此处 P_τ 是 τ 对应的 Perron-Frobenius 算子, 该算子定义在有界变差函数空间上. 孤立谱点指的是落在本质谱半径之外的算子谱点. 如果映射簇 $\{\tau_a\}_{a \geqslant 0}$ 满足 Lasota-Yorke 不等式 ([Lasota and Yorke, 1973] 或 [Eslami and Góra, 2013]), 且不等式中的常数是一致的, 文章 [Keller, 1982] 和 [Keller and Liverani, 1999] 证明了这样的稳定性是成立的. 一个常见的用于保证稳定性的条件是 $|\tau_a'| > 2 + \epsilon(\epsilon > 0)$ 以及映射的最小分割区间长度一致远离 0.

其中一个已知的不稳定情形是, 存在着转折不动点或者是周期点落在了映射的具有斜率小于等于 2 的分支上. 在前面几章中, 我们研究了由 [Keller, 1982] 所引出的 W 状映射, 之前的几章有详细的例子. 由于转折不动点的出现, 我们不能够采用迭代映射的办法来增加其最小斜率. 因为那样做的话会导致扰动映射出现任意短的分割区间, 我们在注 1.4.2 中也进行了这样的讨论. 图 4.1 展示了这一情况.

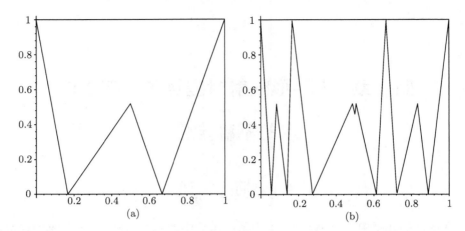

图 4.1　W 状映射: (a) $s_1 = 3/2$, $s_2 = 3$, $a = 0.01$; (b) W_a^2, 即 (a) 中 W_a 的第二次迭代

　　映射 W_{s_1,s_2} 是从区间 $[0,1]$ 到自身的一个分段线性映射, 其形状像一个英文字母 W. 文献 [Keller, 1982] 中的原始的 W 状映射对应于 $s_1 = s_2 = 2$, 在第 2 章中 (也可参见 [Eslami and Misiurewicz, 2012, Li et al., 2013]), 我们知道它的绝对连续不变测度在局部扰动下是不稳定的. 一个更一般的情形已经在第三中进行了考虑. 我们讨论了类似于第 2 章中的扰动. 得到的结论是, 取决于 $\frac{1}{s_1} + \frac{1}{s_2}$ 是大于, 等于或者小于 1, 相对应的 μ_a 的极限分别是 Dirac 测度 $\delta_{(1/2)}$, $\delta_{1/2}$ 和 μ_0 的组合, 或者为 μ_0. 该结果表明条件 $\frac{1}{s_1} + \frac{1}{s_2} < 1$ 实际上蕴含了不稳定性, 该不稳定性在 [Eslami and Góra, 2013] 中获得较为一般的证明.

　　在这一章, 我们考虑映射 W_0, 其类型为满足 $\frac{1}{s_1} + \frac{1}{s_2} = 1$ 的 W_{s_1,s_2}, 并证明了其 Perron-Frobenius 算子的特征值 1 是不稳定的. 我们的证明采用构造性方法, 对每一个受扰动的映射 W_a, 我们证明存在一个 "第二" 特征值 λ_a, 且

$$\frac{1 - 2ra}{1 + 2ra} < \lambda_a < \frac{1}{1 + 2ra},$$

其中 r 是一个不依赖于 a 的常数. 因此, 当 $a \to 0$ 时, 特征值 $\lambda_a \to 1$. 这就意味着映射 W_0 的孤立谱是不稳定的. 与此同时, 一个靠近 1 的第二特征值的出现会导致映射 W_a 表现出亚稳定性. W_a 有两个几乎不变集, 系统会在每一个不变子集中停留较长时间, 然后进入另一个不变子集. 这样的切换是低频率的.

　　对一个固定的较小的 $a_0 > 0$, 映射 W_{a_0} 的中间两支的斜率满足 $1/(s_1 + 2rs_1a_0) + 1/(s_2 + 2rs_2a_0) < 1$. 由 [Eslami and Góra, 2013] 中的稳定性结论可知, 存在一个

$\epsilon > 0$, 使得对于满足 $|a - a_0| < \epsilon$ 的所有 a, 映射 W_a 有一个靠近 λ_{a_0} 的特征值. 这些映射大都是非 Markov 的. 因此, 我们的 Markov 情形可以证明非 Markov 情形也具有类似的不稳定性.

本章的主要结论经过修改后发表在文章 [Li, 2013] 中.

4.2　Markov W_a 映射及其不变密度函数

取 s_1, $s_2 > 1$ 满足 $\dfrac{1}{s_1} + \dfrac{1}{s_2} = 1$, 且 $r > 0$. 我们考虑如下的 W 状映射:

$$W_0(x) = \begin{cases} W_{0,1}(x) := 1 - 2s_2 x, & 0 \leqslant x < \dfrac{1}{2} - \dfrac{1}{2s_1}, \\[2mm] W_{0,2}(x) := s_1\left(x - \dfrac{1}{2} + \dfrac{1}{2s_1}\right), & \dfrac{1}{2} - \dfrac{1}{2s_1} \leqslant x < \dfrac{1}{2}, \\[2mm] W_{0,3}(x) := s_2\left(\dfrac{1}{2} + \dfrac{1}{2s_2} - x\right), & \dfrac{1}{2} \leqslant x < \dfrac{1}{2} + \dfrac{1}{2s_2}, \\[2mm] W_{0,4}(x) := 2s_1(x - 1) + 1, & \dfrac{1}{2} + \dfrac{1}{2s_2} \leqslant x < 1 \end{cases}$$

及其扰动映射 W_a, 参数 $a > 0$:

$$W_a(x) = \begin{cases} W_{a,1}(x) := 1 - 2s_2 x, & 0 \leqslant x < \dfrac{1}{2} - \dfrac{1}{2s_1}, \\[2mm] W_{a,2}(x) := (s_1 + 2rs_1 a)\left(x - \dfrac{1}{2} + \dfrac{1}{2s_1}\right), & \dfrac{1}{2} - \dfrac{1}{2s_1} \leqslant x < \dfrac{1}{2}, \\[2mm] W_{a,3}(x) := (s_2 + 2rs_2 a)\left(\dfrac{1}{2} + \dfrac{1}{2s_2} - x\right), & \dfrac{1}{2} \leqslant x < \dfrac{1}{2} + \dfrac{1}{2s_2}, \\[2mm] W_{a,4}(x) := 2s_1(x - 1) + 1, & \dfrac{1}{2} + \dfrac{1}{2s_2} \leqslant x < 1. \end{cases}$$

记 $\tau_i = W_{a,i}^{-1}$, $i = 1,2,3,4$; $I_0 = \left[0, \dfrac{1}{2} + ra\right]$. W_a 的 Frobenius-Perron 算子 (参见定义 1.4.2, 或 [Boyarsky and Góra, 1997]) 是

$$P_a f = \dfrac{1}{2s_2} f \circ \tau_1 + \dfrac{1}{s_1 + 2rs_1 a}(f \circ \tau_2)\chi_{I_0} + \dfrac{1}{s_2 + 2rs_2 a}(f \circ \tau_3)\chi_{I_0} + \dfrac{1}{2s_1} f \circ \tau_4.$$

注意到

$$\begin{aligned} &\chi_{I_0} \circ \tau_1 = 1, \quad \chi_{I_0} \circ \tau_2 = \chi_{I_0}, \\ &\chi_{I_0} \circ \tau_3 = \chi_{[W_a^2(1/2), \frac{1}{2} + ra]}, \quad \chi_{I_0} \circ \tau_4 = 0. \end{aligned} \tag{4.1}$$

记 $I_1 = \left[W_a^2(1/2), \frac{1}{2} + ra \right]$, 它的左端点是 $W_a^2\left(\frac{1}{2}\right) = W_a\left(\frac{1}{2} + ra\right)$.

我们将只考虑使得 W_a 为 Markov 映射的参数 a 的值, 即, 点 $1/2$ 的某次迭代落在该映射的一个分割区间端点上. 设 a 满足:

$$W_a^m\left(\frac{1}{2} + ra\right) = \frac{1}{2} - \frac{1}{2s_1}, \tag{4.2}$$

其中 $m \geqslant 1$ 是 $W_a\left(\frac{1}{2}\right) = \frac{1}{2} + ra$ 的轨道首次到达分割点 $\frac{1}{2} - \frac{1}{2s_1}$ 的时刻. 注意到 $\frac{1}{2} - \frac{1}{2s_1} = \frac{1}{2s_2}$. 点 $W_a\left(\frac{1}{2} + ra\right)$ 落在映射 W_a 第二支的不动点的下方, 且 $W_a^i\left(\frac{1}{2} + ra\right)$ 的连续像不断递减直到式子 (4.2) 对某一个 m 成立.

我们取常数函数 1 作为初始函数, 用算子 P_a 进行迭代. 记 $f_{n,m} = P_a^n 1$. 同时, 记

$$I_i = \left[W_a^i\left(\frac{1}{2} + ra\right), \frac{1}{2} + ra \right], i = 1, 2, \cdots, m.$$

由 (4.2) 和 (4.1) 式, 经过 n 次迭代后 $(n \geqslant m+1)$, 我们得到:

$$f_{n,m} = c_{n,0} + \alpha_{n,0}\chi_{I_0} + \alpha_{n,1}\chi_{I_1} + \alpha_{n,2}\chi_{I_2} + \cdots + \alpha_{n,m-1}\chi_{I_{m-1}} + \alpha_{n,m}\chi_{I_m},$$

其中 $c_{n,0}$ 和 $\alpha_{n,i}(i = 0, 1, \cdots, m)$ 是常数. 现在我们来观察 $f_{n+1,m}$, 可以得到下面的性质.

命题 4.2.1　（Ⅰ）$c_{n,0} \circ \tau_1$ 和 $c_{n,0} \circ \tau_4$ 仍然是常数函数, $c_{n,0} \circ \tau_2\chi_{I_0}$ 和 $c_{n,0} \circ \tau_3\chi_{I_0}$ 是特征函数 χ_{I_0};

（Ⅱ）$\chi_{I_0} \circ \tau_1$ 是常数函数, $\chi_{I_0} \circ \tau_2\chi_{I_0} = \chi_{I_0}$, $\chi_{I_0} \circ \tau_3\chi_{I_0} = \chi_{I_1}$, $\chi_{I_0} \circ \tau_4$ 等于 0;

（Ⅲ）对 $i = 1, 2, \cdots, m-1$, $\chi_{I_i} \circ \tau_1$ 和 $\chi_{I_i} \circ \tau_4$ 为 0, $\chi_{I_i} \circ \tau_2\chi_{I_0} = \chi_{I_{i+1}}$, $\chi_{I_i} \circ \tau_3\chi_{I_0} = \chi_{I_1}$;

（Ⅳ）$\chi_{I_m} \circ \tau_1$ 和 $\chi_{I_m} \circ \tau_4$ 等于 0, $\chi_{I_m} \circ \tau_2\chi_{I_0} = \chi_{I_0}$, $\chi_{I_m} \circ \tau_3\chi_{I_0} = \chi_{I_1}$.

由此, 我们得到下面的性质

命题 4.2.2　当 n 足够大时, $f_{n,m}$ 保持如下的形式:

$$f_{n,m} = c_{n,0} + \alpha_{n,0}\chi_{I_0} + \alpha_{n,1}\chi_{I_1} + \alpha_{n,2}\chi_{I_2} + \cdots + \alpha_{n,m-1}\chi_{I_{m-1}} + \alpha_{n,m}\chi_{I_m},$$

且

$$\begin{bmatrix} c_{n+1,0} \\ \alpha_{n+1,0} \\ \alpha_{n+1,1} \\ \vdots \\ \alpha_{n+1,m} \end{bmatrix} = A_m \begin{bmatrix} c_{n,0} \\ \alpha_{n,0} \\ \alpha_{n,1} \\ \vdots \\ \alpha_{n,m} \end{bmatrix},$$

其中 $(m+2)$ 阶方阵 A_m 由下式给出

$$A_m = \begin{bmatrix}
\frac{1}{2s_1}+\frac{1}{2s_1} & \frac{1}{2s_2} & 0 & 0 & 0 & \cdots & 0 & 0 \\
\frac{1}{s_1+2rs_1a}+\frac{1}{s_2+2rs_2a} & \frac{1}{s_1+2rs_1a} & 0 & 0 & 0 & \cdots & 0 & \frac{1}{s_1+2rs_1a} \\
0 & \frac{1}{s_2+2rs_2a} & \frac{1}{s_2+2rs_2a} & \frac{1}{s_2+2rs_2a} & \frac{1}{s_2+2rs_2a} & \cdots & \frac{1}{s_2+2rs_2a} & \frac{1}{s_2+2rs_2a} \\
0 & 0 & \frac{1}{s_1+2rs_1a} & 0 & 0 & \cdots & 0 & 0 \\
0 & 0 & 0 & \frac{1}{s_1+2rs_1a} & 0 & \cdots & 0 & 0 \\
\vdots & \vdots & \vdots & \vdots & \vdots & & \vdots & \vdots \\
0 & 0 & 0 & 0 & 0 & \cdots & 0 & 0 \\
0 & 0 & 0 & 0 & 0 & \cdots & \frac{1}{s_1+2rs_1a} & 0
\end{bmatrix}$$

又因为 $\dfrac{1}{s_1} + \dfrac{1}{s_2} = 1$ 我们可以把 A_m 加以简化,

$$A_m = \begin{bmatrix}
\frac{1}{2} & \frac{1}{2s_2} & 0 & 0 & 0 & \cdots & 0 & 0 \\
\frac{1}{1+2ra} & \frac{1}{s_1+2rs_1a} & 0 & 0 & 0 & \cdots & 0 & \frac{1}{s_1+2rs_1a} \\
0 & \frac{1}{s_2+2rs_2a} & \frac{1}{s_2+2rs_2a} & \frac{1}{s_2+2rs_2a} & \frac{1}{s_2+2rs_2a} & \cdots & \frac{1}{s_2+2rs_2a} & \frac{1}{s_2+2rs_2a} \\
0 & 0 & \frac{1}{s_1+2rs_1a} & 0 & 0 & \cdots & 0 & 0 \\
0 & 0 & 0 & \frac{1}{s_1+2rs_1a} & 0 & \cdots & 0 & 0 \\
\vdots & \vdots & \vdots & \vdots & \vdots & & \vdots & \vdots \\
0 & 0 & 0 & 0 & 0 & \cdots & 0 & 0 \\
0 & 0 & 0 & 0 & 0 & \cdots & \frac{1}{s_1+2rs_1a} & 0
\end{bmatrix}$$

我们也需要下面的性质.

命题 4.2.3   等式 (4.2) 等价于:

$$(s_2 + 2rs_2a)(s_1 + 2rs_1a)^{m-1} - \sum_{i=0}^{m-1}(s_1 + 2rs_1a)^i = \frac{1}{2rs_1a},$$

或者

$$(s_1 + 2rs_1a)^m = \frac{1}{4r^2 s_2^2 a^2}. \tag{4.3}$$

证明   若

$$(s_2 + 2rs_2a)(s_1 + 2rs_1a)^{m-1} - \sum_{i=0}^{m-1}(s_1 + 2rs_1a)^i = \frac{1}{2rs_1a},$$

那么

$$(s_1 + 2rs_1a)^{m-1}\left[(s_2 + 2rs_2a)(s_1 + 2rs_1a - 1) - (s_1 + 2rs_1a)\right] = \frac{s_1 - 1}{2rs_1a} = \frac{1}{2rs_2a},$$

因此, 我们有

$$(s_1 + 2rs_1a)^m = \frac{1}{4r^2 s_2^2 a^2}.$$

另一方面, 文献 [Li, 2013] 中证明了

$$W_a^{m+1}(1/2) = -a^2(s_1 + 2rs_1a)^{m-1}\frac{r(2rs_1s_2 + 2rs_1s_2 - 2rs_1 - 2rs_2) + 4r^3 s_1 s_2 a}{s_1 + 2rs_1a - 1}$$
$$+ \frac{s_1 - 1 + 2rs_1a - 2ra}{2(s_1 + 2rs_1a - 1)}.$$

如果 (4.2) 式成立, 那么

$$a^2(s_1 + 2rs_1a)^{m-1}\frac{2r^2 s_1 s_2 + 4r^3 s_1 s_2 a}{s_1 + 2rs_1a - 1} = \frac{s_1 - 1}{2s_1(s_1 + 2rs_1a - 1)},$$

因此,

$$(s_1 + 2rs_1a)^{m-1} = \frac{1}{a^2 4r^2 s_1 s_2^2(1 + 2ra)}$$

与 (4.3) 式是等价的.   □

由性质 4.2.2, 我们可以找到 A_m 的不动向量. 我们将它记为 $(c, \alpha_0, \alpha_1, \cdots, \alpha_m)^{\mathrm{T}}$. 那么, P_a 的不变函数 (不一定是单位化的) 是:

$$g_m^* = c + \alpha_0\chi_{I_0} + \alpha_1\chi_{I_1} + \alpha_2\chi_{I_2} + \cdots + \alpha_{m-1}\chi_{I_{m-1}} + \alpha_m\chi_{I_m},$$

其中

$$c = \frac{1}{2rs_1s_2a}$$

$$\alpha_0 = \frac{1}{2rs_1a}$$

$$\alpha_1 = (s_1 + 2rs_1a)^{m-1}$$

$$\alpha_2 = (s_1 + 2rs_1a)^{m-2}$$

$$\cdots\cdots$$

$$\alpha_{m-2} = (s_1 + 2rs_1a)^2$$

$$\alpha_{m-1} = s_1 + 2rs_1a$$

$$\alpha_m = 1.$$

借助于 (4.2) 式或 (4.3) 式, 我们可以直接单位化 g_m^* 并求得它的极限, 即得到了极限收敛的不变密度函数. 这一想法和我们在 2.3 节中的做法是类似的. 或者我们可以采用一种更简单的办法, [Li, 2013] 证明了单位化后的测度 $g_m^* \cdot L$ 收敛到测度

$$\frac{1}{2r(s_1 + s_2)(s_2 + 2) + 2rs_1s_2^2} \left(2r(s_1 + s_2)(s_2 + 2)\mu_0 + 2rs_1s_2^2\delta_{(1/2)} \right),$$

其中 L 是 Lebesgue 测度, μ_0 是 W_0 的绝对连续不变测度且 $\delta_{(1/2)}$ 是点 $1/2$ 处的 Dirac 测度.

4.3 W_a 映射对应算子的第二特征值

现在, 不同于寻找不变向量, 我们来计算一个小于 1 的特征值 λ 的特征向量. 记 A_m 关于 λ 的特征向量为 $(c, \alpha_0, \alpha_1, \cdots, \alpha_m)^{\mathrm{T}}$. 那么, P_a 关于 λ 的对应的特征函数为:

$$h_m = c + \alpha_0\chi_{I_0} + \alpha_1\chi_{I_1} + \alpha_2\chi_{I_2} + \cdots + \alpha_{m-1}\chi_{I_{m-1}} + \alpha_m\chi_{I_m}. \tag{4.4}$$

方程

$$A_m h_m = \lambda h_m,$$

等价于如下的方程组:

$$\lambda c = \frac{1}{2}c + \frac{1}{2s_2}\alpha_0$$

$$\lambda\alpha_0 = \frac{1}{1+2ra}(c + \frac{1}{s_1}\alpha_0 + \frac{1}{s_1}\alpha_m)$$

$$\lambda\alpha_1 = \frac{1}{s_2(1+2ra)}(\alpha_0 + \alpha_1 + \cdots + \alpha_m)$$

$$\lambda\alpha_2 = \frac{1}{s_1(1+2ra)}\alpha_1$$

$$\lambda\alpha_3 = \frac{1}{s_1(1+2ra)}\alpha_2$$

$$\cdots\cdots$$

$$\lambda\alpha_{m-2} = \frac{1}{s_1(1+2ra)}\alpha_{m-3}$$

$$\lambda\alpha_{m-1} = \frac{1}{s_1(1+2ra)}\alpha_{m-2}$$

$$\lambda\alpha_m = \frac{1}{s_1(1+2ra)}\alpha_{m-1}.$$

我们可以从最后一个等式来求解该方程组. 取 $\alpha_m = 1$, 那么

$$\alpha_m = 1$$

$$\alpha_{m-1} = \lambda s_1(1+2ra)$$

$$\alpha_{m-2} = \lambda^2 s_1^2(1+2ra)^2$$

$$\cdots\cdots$$

$$\alpha_2 = \lambda^{m-2}s_1^{m-2}(1+2ra)^{m-2}$$

$$\alpha_1 = \lambda^{m-1}s_1^{m-1}(1+2ra)^{m-1}$$

$$\alpha_0 = \lambda s_2(1+2ra)\alpha_1 - (\alpha_1 + \alpha_2 + \cdots + \alpha_m) \tag{4.5}$$

$$= \lambda^m s_1^{m-1}s_2(1+2ra)^m - \frac{\lambda^m s_1^m(1+2ra)^m - 1}{\lambda s_1(1+2ra) - 1}$$

$$= \frac{\lambda^m s_1^{m-1}(1+2ra)^m(\lambda s_1 s_2(1+2ra) - s_1 s_2) + 1}{\lambda s_1(1+2ra) - 1}$$

$$c = \lambda(1+2ra)\alpha_0 - \frac{\alpha_0}{s_1} - \frac{1}{s_1}$$

$$c = \frac{\alpha_0}{s_2(2\lambda - 1)}.$$

留意到这里有两个关于 c 的表达式, 因此, 上面的方程组只有在这两个表达式相等

的时候才有解. 所以, 我们得到:

$$\lambda^m s_1^{m-2}(1+2ra)^m(\lambda s_1 s_2(1+2ra)-s_1 s_2)$$
$$=\frac{\lambda^m s_1^{m-1}(1+2ra)^m(\lambda s_1 s_2(1+2ra)-s_1 s_2)+1}{s_2(2\lambda-1)(\lambda s_1(1+2ra)-1)},$$

等价的,

$$\lambda^m s_1^{m-1} s_2(1+2ra)^m(\lambda(1+2ra)-1)\left[s_2(2\lambda-1)(\lambda s_1(1+2ra)-1)-s_1\right]=1.$$

接下来我们将证明, 当 a 比较小时, 该方程有一个解满足

$$\frac{1-2ra}{1+2ra}<\lambda<\frac{1}{1+2ra}.$$

为此, 我们引入一个辅助函数

$$\phi(\lambda)=\lambda^m s_1^{m-1} s_2(1+2ra)^m(\lambda(1+2ra)-1)\left[s_2(2\lambda-1)(\lambda s_1(1+2ra)-1)-s_1\right].$$

很明显 $\phi\left(\dfrac{1}{1+2ra}\right)=0$. 我们将要说明当 a 足够小时, $\phi\left(\dfrac{1-2ra}{1+2ra}\right)>1$. 事实上,

$$\phi\left(\frac{1-2ra}{1+2ra}\right)=\left(\frac{1-2ra}{1+2ra}\right)^m s_1^{m-1} s_2(1+2ra)^m\left(\left(\frac{1-2ra}{1+2ra}\right)(1+2ra)-1\right)$$
$$\cdot\left[s_2\left(2\left(\frac{1-2ra}{1+2ra}\right)-1\right)\left(\left(\frac{1-2ra}{1+2ra}\right)s_1(1+2ra)-1\right)-s_1\right]$$
$$=(1-2ra)^m s_1^{m-1} s_2(-2ra)\frac{-2ra(s_2+5s_1-6s_1 s_2 ra)}{1+2ra}$$
$$=(1-2ra)^m s_1^{m-1} s_2 4r^2 a^2\frac{s_2+5s_1-6s_1 s_2 ra}{1+2ra}.$$

借助于 (4.3) 式, 我们有

$$\phi\left(\frac{1-2ra}{1+2ra}\right)=\left(\frac{1-2ra}{1+2ra}\right)^m\frac{s_2+5s_1-6s_1 s_2 ra}{s_1 s_2(1+2ra)}$$
$$=\left(\frac{1-2ra}{1+2ra}\right)^m\frac{1+\frac{4}{s_2}-6ra}{1+2ra}.$$

注意到如果 $a<\dfrac{1}{2rs_2}$ 那么 $\dfrac{1+\frac{4}{s_2}-6ra}{1+2ra}>1$. 此外, $\lim\limits_{a\to 0}\dfrac{1+\frac{4}{s_2}-6ra}{1+2ra}=1+\dfrac{4}{s_2}>1$.

再次借助于 (4.3) 式, 我们可以把 m 表示成

$$m=\frac{-2\ln(2s_2 ra)}{\ln(s_1+2s_1 ra)}, \tag{4.6}$$

这样我们就得到

$$
\phi\left(\frac{1-2ra}{1+2ra}\right) = \frac{1+\dfrac{4}{s_2}-6ra}{1+2ra}\left(\frac{1-2ra}{1+2ra}\right)^{\frac{-2\ln(2s_2 ra)}{\ln(s_1+2s_1 ra)}}
$$

$$
= \frac{1+\dfrac{4}{s_2}-6ra}{1+2ra}\exp\left(-2\ln\left(\frac{1-2ra}{1+2ra}\right)\frac{\ln(2s_2 ra)}{\ln(s_1+2s_1 ra)}\right).
$$

因为 $\displaystyle\lim_{a\to 0}\ln\left(\frac{1-2ra}{1+2ra}\right)\ln(a)=0$, 所以, 当 $a\to 0$ 时, 上式中 exp 内部的变量收敛到 0. 故

$$
\lim_{a\to 0}\phi\left(\frac{1-2ra}{1+2ra}\right)=1+\frac{4}{s_2}.
$$

这样, 对足够小的 a, 我们的论断就获得了证明. 到此, 我们证明了如下的定理

定理 4.3.1　假设对某一个整数 m, a 满足 (4.3) 式, 即, 映射 W_a 是 Markov 的, 且 $W_a^{m+1}(1/2)=\dfrac{1}{2}-\dfrac{1}{2s_1}$. 则当 a 足够小时, Perron-Frobenius 算子 P_a 有一个特征值 λ_a 满足

$$
\frac{1-2ra}{1+2ra}<\lambda_a<\frac{1}{1+2ra}. \tag{4.7}
$$

其对应的特征函数由 (4.4) 和 (4.5) 式给出, 不考虑常数倍.

注 4.3.1　一些十分繁杂的计算表明 ϕ'' 在 1 的一个邻域上是大于 0 的. 因为 $\phi\left(\dfrac{1-2ra}{1+2ra}\right)>1$, $\phi\left(\dfrac{1}{1+2ra}\right)=0$ 且 $\phi(1)=1$, 所以当 a 足够小时, P_a 在区间 $\left(\dfrac{1-2ra}{1+2ra},1\right)$ 上只有一个特征值, 这就表明, 定理 4.3.1 中得到的 λ_a 确实是 "第二" 特征值.

4.4　对应于 $\lambda_a<1$ 的特征函数

在这一节, 我们更进一步来讨论定理 4.3.1 中得到的第二特征值 λ_a 所对应的特征函数. 我们省略下标 "a" 来简化记号. 记 (4.5) 式中的关于 λ 的特征向量为 $(c,\alpha_0,\alpha_1,\cdots,\alpha_m)$. 可知

$$
\alpha_j=\lambda^{m-j}s_1^{m-j}(1+2ra)^{m-j}>0, \quad j=1,\cdots,m.
$$

下一步,

$$
\alpha_0=\frac{\lambda^m s_1^{m-1}(1+2ra)^m(\lambda s_1 s_2(1+2ra)-s_1 s_2)+1}{\lambda s_1(1+2ra)-1}<0,
$$

考虑到 $\lambda(1+2ra) < 1$ 且很靠近 1, 借助于 (4.6) 式我们可以证明当 $m \to \infty$ 时, $\lambda^m(1+2ra)^m$ 趋于 1. 因为 $\alpha_0 < 0$, 我们有

$$c = \frac{\alpha_0}{s_2(2\lambda - 1)} < 0.$$

(4.4) 式中给出的 P_a 的特征函数 h_m 在区间 $G_m = [W_a^{m_1}(1/2), 1/2 + a/4]$ 上是正的, 在该区间之外是负的. 随着 a 的递减, 因为需要越来越多的数 $\alpha_m, \alpha_{m-1}, \alpha_{m-2} \cdots$ 来匹配 $\alpha_0 + c$, 所以 $\lim_{a \to 0}(m - m_1) = +\infty$. 这就意味着, 随着 $a \to 0$, 区间 G_m 逐渐缩短点到一个点 $1/2$.

因为 $0 < \lambda < 1$, 所以 $\int_0^1 h_m \mathrm{d}L = 0$. 记 $K_m = \int_0^1 |h_m| \mathrm{d}L$. 单位化后的符号测度 $\frac{1}{K_m} h_m \cdot L$ 弱 $*$ 收敛到测度

$$-\frac{1}{2}\mu_0 + \frac{1}{2}\delta_{(1/2)},$$

其中 μ_0 是映射 W_0 的绝对连续不变测度, $\delta_{(1/2)}$ 是点 $1/2$ 处的 Dirac 测度.

正如在 [Froyland and Stančević, 2010] 中描述的那样, 一个非常靠近 1 的特征值 λ 的出现, 会使系统呈现出亚稳定性. 集合 $A^+ = \{t : h_m(t) \geqslant 0\}$ 和 $A^- = \{t : h_m(t) < 0\}$ 是映射 W_a 的几乎不变集, 其上的逃逸速率不超过 $-\ln\lambda$, 该值靠近于 0. 这就意味着系统的典型轨道会在 A^+ 中停留较长时间, 之后跳进 A^-, 并在其中停留较长时间, 随后跳回 A^+, 再次停留较长时间, 如此往复. 尽管系统的本质谱半径较小 (实际上等于 $\max\{1/s_1, 1/s_2\}$), 该系统以速率 $C\lambda^n$ 缓慢收敛到平衡状态, 其中 C 为一常数.

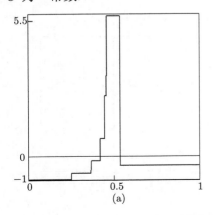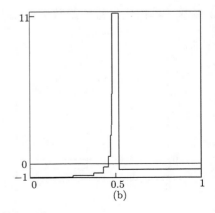

图 4.2　单位化的特征函数 h_m

图 4.2 展示了单位化函数 h_m, 这些图借助于 Maple 13 画出. 参数取值为 $s_1 = s_2 = 2$, $r = 1/4$. 其中,

(a) $m = 5$, $a = 0.14789903570478$, $\lambda = 0.8732372308$, $K_m = 3.819456626$;

(b) $m = 7$, $a = 0.077390319202550$, $\lambda = 0.9365803433$, $K_m = 8.987509817$.

需要注意的是这些图的垂直坐标轴比例有较大不同.

4.5 附   注

在 [Li and Góra, 2012] 中, 对于满足 $\dfrac{1}{s_1} + \dfrac{1}{s_2} = 1$ 的 s_1, $s_2 > 1$, 作者讨论了 $r = 1$ 时的被扰动 W_a 映射, $a > 0$:

$$
W_a(x) =
\begin{cases}
W_{a,1}(x) := 1 - 2s_2 x, & 0 \leqslant x < \dfrac{1}{2} - \dfrac{1}{2s_1}, \\[2mm]
W_{a,2}(x) := (s_1 + 2s_1 a)\left(x - \dfrac{1}{2} + \dfrac{1}{2s_1}\right), & \dfrac{1}{2} - \dfrac{1}{2s_1} \leqslant x < \dfrac{1}{2}, \\[2mm]
W_{a,3}(x) := (s_2 + 2s_2 a)\left(\dfrac{1}{2} + \dfrac{1}{2s_2} - x\right), & \dfrac{1}{2} \leqslant x < \dfrac{1}{2} + \dfrac{1}{2s_2}, \\[2mm]
W_{a,4}(x) := 2s_1(x - 1) + 1, & \dfrac{1}{2} + \dfrac{1}{2s_2} \leqslant x < 1.
\end{cases}
$$

现在, $W_a\left(\dfrac{1}{2}\right) = \dfrac{1}{2} + a$. 由前面介绍的方法, W_a 的 Perron-Frobenius 算子也存在一个第二特征值 λ_a, 且满足,

$$
\frac{1 - 2a}{1 + 2a} < \lambda_a < \frac{1}{1 + 2a}.
$$

图 4.3 展示了单位化的特征函数 h_m. 参数取值为 $s_1 = s_2 = 2$.

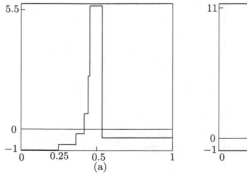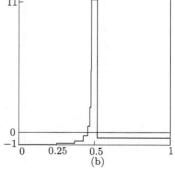

图 4.3   单位化后的特征 h_m

(a) $m = 5$, $a = 0.036974758926197$, $\lambda = 0.873237227279931$;

(b) $m = 7$, $a = 0.019347579800639$, $\lambda = 0.936580332073165$.

也需要注意的是, 图中的垂直坐标轴比例有较大的不同. 因此, 当 $a \to 0$ 时, 特征值 λ_a 仍然收敛到 1. 在这两种情况下, W_0 的孤立谱点的不稳定性也得到呈现, 不同的是, 额外的参数 r 降低了收敛速率.

第 5 章　区间上分段扩张变换的不变密度函数的新显式常数表达与调和平均斜率条件

5.1　简　　述

记 $I = [0, 1]$, 设 $\mathcal{P}$ 为 I 的一个有限分割. $\mathcal{T}(\text{I})$ 表示在该分割 $\mathcal{P}$ 下的区间 I 上的分段扩张变换类. 我们将要研究 $\mathcal{T}(\text{I})$ 中的变换 τ 所对应的不变概率密度函数的统计学性质. 我们需要如下的关于 τ 的两个条件来完成讨论:

(1) 弱覆盖, 这是指存在一个整数 K 使得 $\mathcal{P}$ 中每一元素的迭代所得像的并集为 I.

(2) 调和平均斜率条件, 该条件的引入是受到第 3 章中的结论的启发, 它代表着相邻两个分支 (除了第一个和最后一个分支) 的最小斜率的调和平均值要严格小于 2.

我们使用这两个条件来获得有关不变概率密度函数上下界的常数值, 同时还得到有关不变概率密度收敛速度的常数. 相关的结果在 [Liverani, 1995a] 中也有讨论, 但前提假设是映射的最小斜率要严格大于 2. 当这一条件缺失时, 以 W 状映射为例, G. Keller 在 [Keller, 1982] 中揭示了扰动映射的多种不同动力学行为. 例如, 扰动映射的绝对连续不变测度可以收敛到奇异测度, 或绝对连续不变测度, 甚至是两者的组合. 在前几章中我们已经讨论了一些 W 状映射, 作为一个 W 状映射的例子, 读者可以参见图 5.2. W 状映射是连续的, 但是我们的讨论并不依赖于映射的连续性, 因此我们并不需要该条件.

本章的研究内容之一是怎样借助于调和平均斜率条件来弱化斜率大于 2 这一条件, 并获得有关 W 状映射绝对连续不变测度的稳定性. 读者也可以在 [Li, 2013] 中查看其他相关稳定性分析.

在 5.2 节中, 借助于弱覆盖性和调和平均斜率条件, 对任意一个分割区间, 我们可以得到它的有关弱覆盖的迭代次数的明确界限. 在 5.3 节, 我们借助于上述结果和一个广义的 Lasota-Yorke 不等式, 得到关于不变概率密度函数上界的具体数值. 然后我们把这些结果推广到映射簇上, 相关结果即为定理 5.3.2. 我们也给出了一个例子来说明调和平均斜率条件是必要的. 对所给定的一个 W 状映射, 我们计算其有关下界的所有必需数值. 在 5.4 节, 利用弱混合性和前面所得结果, 我们得到关于收敛速度的明确数值. 在许多科学领域, 寻找由初始密度函数收敛到不变概率密度函数的速度是一个重要问题. 我们的方法依赖于使用等度分割, 而不是分割 $\mathcal{P}$ 的原象. 由此, 在大多数情况下, 我们得到的数值是较优的. 我们也详细计算了一个例子, 该例子并不能采用 [Liverani, 1995a] 中的方法进行计算.

本章的 5.2, 5.3 和 5.4 节中的主要结论, 经过修改后发表于文章 [Góra et al., 2012b] 中.

5.2 记号和一些初步结论

记 $I = [0,1]$, L 为 I 上的 Lebesgue 测度. 我们给出 I 上的分段扩张映射的定义.

定义 5.2.1 如果存在一个 I 的分割 $\mathcal{P} = \{I_i := [a_{i-1}, a_i], i = 1, \cdots, q\}$, 使得 $\tau : I \to I$ 满足如下条件:

（ I ） τ 在每一个子区间 I_i 上是单调的;

（ II ） $\tau_i := \tau|_{I_i}$ 是 C^1 的, 且 $\lim_{x \to a_{i-1}^+} \tau'(x)$, $\lim_{x \to a_i^-} \tau'(x)$ 存在, 这些极限可以是无限的;

(III) 对任意的 i 和 $x \in (a_{i-1}, a_i)$, $|\tau_i'(x)| \geqslant s_i > 1$.

那么, 我们就称这样的函数 τ 是分段扩张映射. 我们用 $\mathcal{T}(I)$ 来记区间 I 上分段扩张映射.

我们也需要引入映射 τ 的弱覆盖性.

定义 5.2.2 映射 $\tau \in \mathcal{T}(I)$ 被称作是弱覆盖的, 当且仅当存在一个整数 $K \geqslant 1$ 使得

$$\bigcup_{n=0}^{K} \tau^n(I_i) = [0,1], \ i = 1, \cdots, q. \tag{5.1}$$

记

$$s := \min_{1 \leqslant i \leqslant q} s_i > 1. \tag{5.2}$$

设 $\tau \in \mathcal{T}(\mathrm{I})$ 满足如下的条件:

$$s_H = \max_{i=1,\cdots,q-1}\left\{\frac{1}{s_i} + \frac{1}{s_{i+1}}\right\} < 1. \tag{5.3}$$

数值 $H(a,b) = \dfrac{2}{\dfrac{1}{a} + \dfrac{1}{b}}$ 被称作是 a 和 b 的调和平均值. $H(a,b) > 2$ 等价于 $\dfrac{1}{a} + \dfrac{1}{b} < 1$. 因此, 若 τ 满足 $s_H < 1$, 我们就称 τ 满足调和平均斜率条件.

现在, 我们来证明一个比较简单的极小极大引理, 该引理会有很有趣的用处.

引理 5.2.1　设 $z_1, z_2 > 1$, $\alpha + \beta = c$, 其中 $\alpha, \beta > 0$. 假设

$$\frac{1}{z_1} + \frac{1}{z_2} < 1.$$

那么,

$$\min_{\alpha,\beta}\max\{z_1\alpha, z_2\beta\} = \frac{1}{\dfrac{1}{z_1} + \dfrac{1}{z_2}}c > c.$$

证明　首先我们有如下等式:

$$\min_{\alpha,\beta}\max\{z_1\alpha, z_2\beta\} = \min_{\alpha}\max\{z_1\alpha, z_2(c-\alpha)\}.$$

直线 $f(\alpha) = z_1\alpha$ 递增而直线 $g(\alpha) = z_2(c-\alpha)$ 递减. 从而极小极大值

$$\min_{\alpha}\max\{z_1\alpha, z_2(c-\alpha)\}$$

在这两条线相交时取得, 即

$$\alpha = \frac{z_2 c}{z_1 + z_2},$$

由此

$$\min_{\alpha,\beta}\max\{z_1\alpha, z_2\beta\} = \frac{z_1 z_2 c}{z_1 + z_2} = \frac{1}{\dfrac{1}{z_1} + \dfrac{1}{z_2}}c > c. \qquad \square$$

注 5.2.1　如果 $\dfrac{1}{z_1} + \dfrac{1}{z_2} = 1$, 则

$$\min_{\alpha,\beta}\max\{z_1\alpha, z_2\beta\} = c.$$

由引理 5.2.1 可得如下性质:

命题 5.2.1 如果 $\tau \in \mathcal{T}(\mathrm{I})$ 满足调和平均斜率条件, 那么对于最多包含分割 $\mathcal{P}$ 的一个分割点的子区间 $J \subset I$, 我们有

$$L(\tau(J)) \geqslant \frac{1}{s_H} L(J). \tag{5.4}$$

证明 首先注意到

$$s = \min_{1 \leqslant i \leqslant q} s_i \geqslant \min_{1 \leqslant i \leqslant q-1} \frac{1}{\dfrac{1}{s_i} + \dfrac{1}{s_{i+1}}} \geqslant \frac{1}{s_H}.$$

如果 J 不包含分割 $\mathcal{P}$ 的任何端点, 那么存在某个 $1 \leqslant i \leqslant q$ 使得 $J \subset I_i$, 且

$$L(\tau(J)) \geqslant s_i L(J) \geqslant \frac{1}{s_H} L(J).$$

如果 J 刚好包含分割 $\mathcal{P}$ 的一个分割点, 此时记 $L(J) = \alpha + \beta$ 其中 α 和 β 是 J 被该分割点分成的左右两个子区间的长度. 由引理 5.2.1 可知 $L(\tau(J)) \geqslant \frac{1}{s_H} L(J)$. □

命题 5.2.2 如果 $\tau \in \mathcal{T}(\mathrm{I})$ 满足调和平均斜率条件, 那么对任意的子区间 $J \subset I$, 存在一个正整数 $M(J)$, 使得 $\tau^{M(J)}(J)$ 中的至少一个连通分支包含了分割 $\mathcal{P}$ 的两个分割点, 由此也就包含了这两个端点之间的区间. 此外,

$$0 \leqslant M(J) \leqslant \max\left[\frac{\ln \dfrac{L(J)}{\delta_{\max}}}{\ln(s_H)}, 0 \right], \tag{5.5}$$

其中 $\delta_{\max} = \max\{L(I_i \bigcup I_{i+1}) \mid i = 1, 2, \cdots, q-1\}$, $[t]$ 是不小于 t 的最小整数.

证明 设 J 为 I 的一个子区间. 我们有如下两种情形.

情形 (i): 如果 J 包含至少两个 $\mathcal{P}$ 的端点, 那么 $M(J) = 0$. 特别的, 当 $L(J) \geqslant \delta_{\max}$ 就会发生这种情形.

情形 (ii): 我们假设 $L(J) < \delta_{\max}$ 且 J 最多包含分割 $\mathcal{P}$ 的一个端点. 首先, 我们假定 J 刚好包含 $\mathcal{P}$ 的一个分割点, 那么该点将 J 分成两个子区间, $J_{0,1}$ 和 $J_{0,2}$. 引理 5.2.1 表明

$$\max\{L(\tau(J_{0,1})), L(\tau(J_{0,2}))\} \geqslant \frac{1}{s_H} L(J).$$

我们假定 $L(\tau(J_{0,1})) \geqslant \frac{1}{s_H} L(J)$. 需要注意的是, $\tau(J_{0,1})$ 是一个区间, 这是因为 $\tau \in \mathcal{T}(\mathrm{I})$.

另外, 如果 J 不包含 $\mathcal{P}$ 的任何断点, 那么 $\tau(J)$ 仍为一个区间, 且 $L(\tau(J)) \geqslant sL(J) \geqslant \dfrac{1}{s_H}L(J)$.

由此, 对任意一个至多包含 $\mathcal{P}$ 中一个端点的区间 J, 我们能够找到 $\tau(J)$ 中的一个区间, 将其记为 J_1, 使得 $L(J_1) \geqslant \dfrac{1}{s_H}L(J)$. 如果 J_1 包含 $\mathcal{P}$ 中的两个端点, 我们就停止迭代. 否则, 考虑 $\tau(J_1)$. 此时, 我们可以再次找到一个 $\tau(J_1)$ 中的区间, 将它记为 J_2, 使得 $L(J_2) \geqslant \dfrac{1}{s_H}L(J_1) \geqslant \dfrac{1}{s_H^2}L(J)$. 重复这一过程, 我们就可以找到一个整数 k 使得 $L(J_k) \geqslant \dfrac{1}{s_H^k}L(J) \geqslant \delta_{\max}$. 这就意味着 $\tau^k(J)$ 至少包含 $\mathcal{P}$ 中的两个端点. 综上所述, 我们得到

$$M(J) \geqslant \frac{\ln \dfrac{L(J)}{\delta_{\max}}}{\ln(s_H)}. \qquad\qquad \square$$

推论 5.2.1　如果 $\tau \in \mathcal{T}(\mathrm{I})$ 是弱覆盖的且满足调和平均斜率条件, 那么对任一子区间 $J \subset I$, 我们有

$$\bigcup_{n=0}^{K} \tau^{M(J)+n}(J) = [0,1], \qquad\qquad (5.6)$$

其中 $M(J)$ 是性质 5.2.2 中的值.

注 5.2.2　需要注意的是, 弱覆盖性以及条件 $s_H < 1$ 并不能导出正则性. 一个简单的例子是: 设 τ 满足 $\tau([0,1/2]) = [1/2,1]$ 且 $\tau([1/2,1]) = [0,1/2]$. 并且 τ 在这两个子区间上为帐篷映射 (或其他扩张映射). 想要得到正则性, 需要更多的假设条件, 参见定理 5.2.1 和推论 5.2.2.

我们定义 $\mathcal{P}^{(n)} = \{I_{i_0} \cap \tau^{-1}(I_{i_1}) \cap \tau^{-2}(I_{i_2}) \cap \cdots \cap \tau^{-(n-1)}(I_{i_{n-1}}) : 1 \leqslant i_0, i_1, i_2, \cdots, i_{n-1} \leqslant q\}$. $\mathcal{P}^{(n)}$ 实际上是根据 τ^n 的单调性进行的分割. 需要注意的是 $\mathcal{P} = \mathcal{P}^{(1)}$.

定理 5.2.1　设 $\tau \in \mathcal{T}(\mathrm{I})$ 且为分段 C^{1+1} 的, 并且 $s_H < 1$. 此外, 设 ϕ 是 τ 的不变密度函数, 它满足 $\inf \phi \geqslant \beta$. 如果 τ 相对于 Lebesgue 测度是弱混合的, 那么存在整数 K_1 使得

$$\tau^{K_1}(I_i) = [0,1], \ i = 1,2,\cdots,q.$$

证明　我们将借鉴 [Liverani, 1995a] 中的一个类似定理的证明. 我们所讨论的映射其弱混合等价于混合, 又等价于正则, 参见 [Boyarsky and Góra, 1997]. 记 $\chi = \chi_{I_i}/L(I_i)$, 其中 $1 \leqslant i \leqslant q$. 因为 τ 是正则的, 所以在 $\mathcal{L}^1$ 中, 随着 $n \to \infty$,

$P_\tau^n \chi \to \phi$. 因此, 对任意的 n_1(此值随后会被确定), 我们能够找到一个整数 $N(n_1)$ 使得, 对任意的 $n \geq N(n_1)$, 存在一个点 $x \in J$, 有 $P_\tau^n \chi(x) \geq \beta/2$, 其中 J 是分割 $\mathcal{P}^{(n_1)}$ 中的一个区间. 另一方面, 由 Lasota-Yorke 可得, 对任意的 k 和某一常数 C

$$\bigvee_{[0,1]} P_\tau^k \chi \leq C.$$

取 $n \geq N(n_1)$, 记

$$\mathcal{B} = \{J \in \mathcal{P}^{(n_1)} : \exists_{x \in J} \ P_\tau^n \chi(x) < \beta/4\}.$$

如果 $J \in \mathcal{B}$, 那么我们有 $\bigvee_J P_\tau^n \chi \geq \beta/4$ 且

$$\bigvee_{[0,1]} P_\tau^n \chi \geq (\beta/4)\#\mathcal{B}.$$

因此 $\#\mathcal{B} \leq 4C/\beta = L_0$.

　　τ 的 Perron-Frobenius 算子 P_τ 可以被看作是 $BV(\mathrm{I})$ 上的一个算子, 其中 $BV(\mathrm{I})$ 是区间 I 上的有界变差函数空间. 更一般的, P_τ 可看作是 $\mathcal{L}^1(\mathrm{I})$ 空间上的算子. 我们已经知道, 对 $\tau \in \mathcal{T}(\mathrm{I})$, P_τ 有如下的表达式:

$$P_\tau f = \sum_{i=1}^{q} \frac{f(\tau_i^{-1}(x))}{|\tau'(\tau_i^{-1}(x))|} \chi_{\tau[a_{i-1}, a_i]}(x).$$

如果想要了解关于空间 $BV(\mathrm{I})$, 算子 P_τ 及其相关性质, 我们推荐读者参阅 [Boyarsky and Góra, 1997]. 此处, 尤为重要的是, 一个函数 f 是 τ 的不变概率密度函数当且仅当 $P_\tau f = f$.

　　借助于 P_τ 的表达式可知, 对所有的 $x \in [0,1]$, 下面的表达式成立:

$$\beta \leq \phi(x) = \sum_{y \in \tau^{-n}(x)} \frac{\phi(y)}{|(\tau^n)'(y)|} \leq \sup(\phi)\#(\tau^{-n}(x))s^{-n}.$$

这就表明当 $n \to \infty$ 时, $\#(\tau^{-n}(x))$ 关于 x 一致趋于无穷大. 特别的, 对所有 $x \in [0,1]$, 我们可以找到一个整数 N_1, 使得

$$\#(\tau^{-N_1}(x)) > L_0.$$

我们固定 $n_1 = N_1$, $N_2 \geq N(N_1)$. 则有

$$P_\tau^{N_1 + N_2} \chi(x) = \sum_{y \in \tau^{-N_1}(x)} \frac{P_\tau^{N_2} \chi(y)}{|(\tau^{N_1})'(y)|} \geq \frac{\beta}{4s^{N_1}},$$

这是因为至少一个原像 $y \in \tau^{-N_1}(x)$ 属于某个区间 $J \notin \mathcal{B}$.

到此我们已经证明了 $\tau^{N_1+N_2}(I_i) = [0,1]$. 取 K_1 为 $N_1 + N_2$ 中相对于 $i = 1,2,\cdots,q$ 的最大值, 这样就完成了定理的证明. $\square$

我们马上可以得到如下推论.

推论 5.2.2　如果 $\tau \in \mathcal{T}(I)$ 是弱覆盖, 弱混合且满足调和平均斜率条件, 那么 τ 是拓扑正则的. 对任意的子区间 $J \subset I$, 我们有

$$\tau^{M(J)+K_1}(J) = [0,1], \tag{5.7}$$

其中 $M(J)$ 是性质 5.2.2 中的值, 常数 K_1 来自于定理 5.2.1.

5.3　不变密度函数的下界

从此处开始, 我们假设 $\tau \in \mathcal{T}(I)$ 是分段 C^{1+1} 的, 也就是, 每一个 τ_i' 满足常数为 M_i 的 Lipschitz 条件:

$$|\tau_i'(x) - \tau_i'(y)| \leqslant M_i|x-y|, \quad x,y \in I_i, \ i=1,2,\cdots,q.$$

也就是说, τ 是区间 I 上的分段扩张, 分段 C^{1+1} 映射. 我们采用如下的记号:

$$M := \max_{1 \leqslant i \leqslant q} M_i,$$

以及

$$\delta_i^\pm := \delta_{\{\tau(a_i^\pm) \notin \{0,1\}\}} = \begin{cases} 0, & \tau(a_i^\pm) \in \{0,1\}, \\ 1, & \tau(a_i^\pm) \notin \{0,1\}, \end{cases}$$

其中 $\tau(a_i^\pm)$ 表示 $\lim_{x \to a_i^\pm} \tau(a_i)$. 例如, $\delta_i^+ = 1$ 表示的是 τ 的第 $i+1$ 分支的左端点是悬空的, 即该点处的函数值既不是 0 也不是 1.

此外, 记

$$\eta_i := \begin{cases} \max\left\{\dfrac{\delta_0^+}{s_1}, \dfrac{\delta_1^+}{s_2}\right\}, & i=1, \\[3mm] \max\left\{\dfrac{\delta_{q-1}^-}{s_{q-1}}, \dfrac{\delta_q^-}{s_q}\right\}, & i=q, \\[3mm] \max\left\{\dfrac{\delta_{i-1}^-}{s_{i-1}}, \dfrac{\delta_i^+}{s_{i+1}}\right\}, & i=2\cdots q-1. \end{cases}$$

现在, 我们给出一个 [Eslami and Góra, 2013] 中的性质.

命题 5.3.1 设 $\tau \in \mathcal{T}(\mathrm{I})$ 且满足上述 Lipschitz 条件. 那么, 对每个 $f \in BV([0,1])$, 有

$$\bigvee_I P_\tau f \leqslant \eta \bigvee_I f + \gamma \int_I |f| \mathrm{d}m,\tag{5.8}$$

其中 $\eta = \max\limits_{1\leqslant i\leqslant q}\left\{\dfrac{1}{s_i}+\eta_i\right\}, \gamma = \left[\dfrac{M}{s^2}+\dfrac{2\max\limits_{1\leqslant i\leqslant q}\eta_i}{\min\limits_{1\leqslant i\leqslant q}L(I_i)}\right].$

需要注意的是下式总是成立的:

$$\max_{1\leqslant i\leqslant q}\eta_i < \frac{1}{s}.$$

正如 [Eslami and Góra, 2013] 中定理 3.2 所证明的, 如果 $\tau(0),\tau(1)\in\{0,1\}$, 那么 $\eta \leqslant s_H < 1$. 如果条件 $\tau(0),\tau(1)\in\{0,1\}$ 不成立, 我们可以用一个延拓的方法来获得类似的结论, 就像 [Eslami and Góra, 2013] 定理 3.3 做的那样. 为了论述的完整性, 我们来描述一下这个方法. 对一个固定的较小正数 ε, 记 $I^\varepsilon = [0-\varepsilon, 1+\varepsilon]$. 我们按照如下方法来定义 I^ε 上的映射 τ^ε:

$$\tau^\varepsilon(x) = \begin{cases} -\varepsilon + \dfrac{1+\varepsilon}{\varepsilon}(x+\varepsilon), & x\in[-\varepsilon,0); \\ \tau(x), & x\in[0,1]; \\ 0+\frac{1+\varepsilon}{\varepsilon}(x-1), & x\in(1,1+\varepsilon]. \end{cases}$$

图 5.1 展示了这样的延拓. 区间 $[0,1]$ 是 τ^ε 吸引子. 我们取足够小的 ε 使得映射 τ 和 τ^ε 的常数 s 和 s_H 是相同的. 然后, 我们考虑 $BV(I^\varepsilon)$ 的子空间

$$BV^\varepsilon(I^\varepsilon) = \{f\in BV(I^\varepsilon) : f(x) = 0 \ x\notin[0,1]\}.$$

易知, 对任意的 $f\in BV^\varepsilon(I^\varepsilon)$,

$$P_{\tau^\varepsilon}(BV^\varepsilon(I^\varepsilon)) \subset BV^\varepsilon(I^\varepsilon)$$

且

$$(P_{\tau^\varepsilon}f)_{|[0,1]} = P_\tau(f_{|[0,1]}).$$

现在, 我们就可以得到 P_{τ^ε} 在 $BV(I^\varepsilon)$ 上的不等式 (5.8). 特别的, 该不等式对 $f\in BV^\varepsilon(I^\varepsilon)$ 也成立. 常数 η_i 是不同的, 但是, 通过选取合适的 ε, 我们仍然有 $\eta < s_H$

以及 $\max\limits_{1\leqslant i\leqslant q}\eta_i<\frac{1}{s}$. 延拓时, 新增的分割子区间 $I_0=[-\varepsilon,0]$ 和 $I_{q+1}=[1,1+\varepsilon]$ 没有出现在 $\min\limits_{1\leqslant i\leqslant q}L(I_i)$ 中, 这是因为, 对 $f\in BV^\varepsilon(I^\varepsilon)$, 我们有

$$\int_{I_0}f\mathrm{d}L=0,$$

且

$$\int_{I_{q+1}}f\mathrm{d}L=0.$$

由此, 对任意的 $f\in BV^\varepsilon(I^\varepsilon)$, 我们得到如下不等式:

$$\bigvee_{I^\varepsilon}P_\tau f\leqslant\eta\bigvee_{I^\varepsilon}f+\gamma\int_I|f|\mathrm{d}L,\tag{5.9}$$

其中 $\eta\leqslant s_H<1$, $\gamma=\dfrac{M}{s^2}+\dfrac{2}{s\cdot\min\limits_{1\leqslant i\leqslant q}L(I_i)}$.

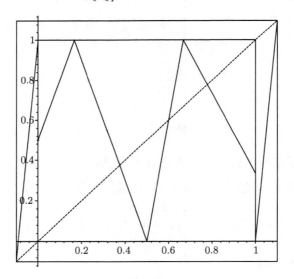

图 5.1   延拓映射 τ 到 $[0-\varepsilon,1+\varepsilon]$

众所周知 (参见 [Boyarsky and Góra, 1997]), (5.8) 或 (5.9) 式意味着 τ 有一个绝对连续不变测度, 且该测度的概率密度函数是有界变差的. 我们记这个不变密度函数为 ϕ. 由 (5.8) 式或 (5.9) 式可得

$$\bigvee_I\phi\leqslant\frac{\gamma}{1-\eta}.\tag{5.10}$$

现在我们考虑把区间 $[0,1]$ 分成 $2\left(\left[\dfrac{\gamma}{1-\eta}\right]+1\right)$ 个等长度子区间的一致分割 $\mathcal{P}^u$, 其中 $\left[\dfrac{\gamma}{1-\eta}\right]$ 表示 $\dfrac{\gamma}{1-\eta}$ 的整数部分. 因此, 对每一个 $J \in \mathcal{P}^u$, 我们有 $L(J) < \dfrac{1-\eta}{2\gamma}$. 现在, 我们来证明下面的引理.

引理 5.3.1 存在 $J_u \in \mathcal{P}^u$ 使得对所有的 $x \in J_u$,

$$\phi(x) \geqslant \frac{1}{2}.$$

证明 假设该结论是不正确的. 那么, 对每一个 $J \in \mathcal{P}^u$, 存在一个点 $x_J \in J$ 使得

$$\phi(x_J) < \frac{1}{2}.$$

借助于不等式 (5.10), 我们得到

$$
\begin{aligned}
1 = \int_I \phi \mathrm{d}L &= \sum_{J \in \mathcal{P}^u} \int_J \phi \mathrm{d}L \leqslant \sum_{J \in \mathcal{P}^u} L(J)\left(\phi(x_J) + \bigvee_J \phi\right) \\
&< \sum_{J \in \mathcal{P}^u}\left(\frac{L(J)}{2} + \frac{1-\eta}{2\gamma}\bigvee_J \phi\right) \\
&= \frac{1}{2} + \frac{1-\eta}{2\gamma}\bigvee_I \phi \\
&\leqslant \frac{1}{2} + \frac{1-\eta}{2\gamma}\frac{\gamma}{1-\eta} = 1.
\end{aligned}
$$

这一矛盾意味着引理获得了证明. $\qquad\square$

现在, 我们可以给出映射 τ 的不变密度函数的非零下界. 该下界的存在性对单个的映射并不是新的结果, 参见 [Keller, 1978], [Kowalski, 1979] 或者 [Boyarsky and Góra, 1997]. 不同于这些文献中的结果, 我们得到了下界的具体的数值, 进而允许我们来证明映射簇的不变密度函数的一致下界的存在性.

定理 5.3.1 设 $\tau \in \mathcal{T}(\mathrm{I})$ 为分段 C^{1+1} 的, 且满足 $s_H < 1$. 那么存在 $\beta > 0$ 使得

$$\inf \phi \geqslant \beta,$$

其中 ϕ 是 τ 的不变密度函数.

证明　记 $S_{\max}$ 为 $|\tau'(x)|$ 在 I 上的最大值. 因为 ϕ 是不变密度函数, 所以对任意的正整数 n, $P_\tau^n \phi = \phi$. 引理 5.3.1 表明, 存在满足

$$L(J_u) = \frac{1}{2\left(\left[\dfrac{\gamma}{1-\eta}\right]+1\right)}$$

的子区间 $J_u \subseteq I$ 使得对所有的 $y \in J_u$,

$$\phi(y) \geqslant \frac{1}{2}.$$

同时, 由推论 5.2.1 可知, 对每一个 $x \in I$, 我们能够找到一个整数 $n_u \leqslant M(J_u) + K$ 以及点 $y_u \in J_u$ 使得 $\tau^{n_u}(y_u) = x$. 因此,

$$
\begin{aligned}
\phi(x) &= (P_\tau^{n_u}\phi)(x) \\
&= \sum_{y \in \tau^{-n_u}(x)} \frac{\phi(y)}{|(\tau^{n_u})'(y)|} \\
&\geqslant \frac{\phi(y_u)}{|(\tau^{n_u})'(y_u)|} \\
&\geqslant \frac{1}{2S_{\max}^{n_u}}.
\end{aligned}
$$

要完成证明, 只需取 $\beta = (2S_{\max}^{n_u})^{-1}$. 或者, 为得到一个明确的表达式, 取 $\beta = \left(2S_{\max}^{M(J_u)+K}\right)^{-1}$. □

下面的定理把定理 5.3.1 的结果推广到一致满足假设的一簇映射的情形.

定理 5.3.2　设 $\{\tau^{(r)}\} \subset \mathcal{T}(\mathrm{I})$ 为一簇分段 C^{1+1} 映射. $\tau^{(r)}$ 的分割定义为

$$\mathcal{P}^{(r)} = \{I_1^{(r)}, \cdots, I_{q(r)}^{(r)}\}.$$

假设我们可以找到一致的常数 $s_H < 1$, K, $\delta > 0$, $\delta_{\max}$, M, $s > 1$, $S_{\max}$ 使得

$$s_H \geqslant s_H^{(r)} = \max\{\min_{I_i^{(r)}} |(\tau^{(r)})'|^{-1} + \min_{I_{i+1}^{(r)}} |(\tau^{(r)})'|^{-1} : i = 1, 2, \cdots, q(r)-1\};$$

$$K \geqslant K^{(r)}, \text{ 此处 } \cup_{n=0}^{K^{(r)}} (\tau^{(r)})^n(I_i^{(r)}) = [0,1], \ i = 1, 2, \cdots, q(r);$$

$$\delta \leqslant \delta^{(r)} = \min\{L(I_i^{(r)}) : i = 1, 2, \cdots, q(r)\};$$

$$\delta_{\max} \geqslant \delta_{\max}^{(r)} = \max\{L(I_i^{(r)} \cup I_{i+1}^{(r)}) : i = 1, 2, \cdots, q(r)-1\};$$

$$M \geqslant M^{(r)}, \ M \ \text{为} \ (\tau_i^{(r)})' \ \text{的公共 Lipschitz 常数}, \ i = 1, 2, \cdots, q(r);$$

$$s \leqslant s^{(r)} = \min \left\{ \min_{I_i^{(r)}} |(\tau_i^{(r)})'|, \ i = 1, 2, \cdots, q(r) \right\};$$

$$S_{\max} \geqslant S_{\max}^{(r)} = \max \left\{ \max_{I_i^{(r)}} |(\tau_i^{(r)})'|, \ i = 1, 2, \cdots, q(r) \right\}. \tag{5.11}$$

取

$$\beta = \left(2 S_{\max}^{\max\left\{ \left\lceil \frac{-\ln(2(\lceil \frac{\gamma}{1-s_H} \rceil + 1)) - \ln(\delta_{\max})}{\ln(s_H)} \right\rceil, 0 \right\}} + K \right)^{-1}, \tag{5.12}$$

其中 $\gamma = \dfrac{M}{s^2} + \dfrac{2}{s \cdot \delta}$. 那么, 对所有的 r, 可得

$$\inf \phi^{(r)} \geqslant \beta,$$

其中 $\phi^{(r)}$ 是 $\tau^{(r)}$ 的不变密度函数.

证明 只需将本章中前面的定理加以组合即可得到. □

下面我们引出第 3 章中的一个例子, 该例子表明定理 5.3.2 中的条件 $s_H < 1$ 是必要的. [Eslami and Misiurewicz, 2012] 给出了另外一个类似的例子.

例 5.3.1 在第 3 章, 我们构建了一簇 W 状映射 $\{\tau^{(r)}\}$, 这簇映射收敛到标准的 W 状映射 τ_0. τ_0 在 $1/2$ 处有一个转折不动点, 且在该点的左右两侧导数分别为 2 和 -2. 我们可以计算出该簇映射所需的一致常数 K, $\delta > 0$, $\delta_{\max}$, M, $s > 1$, $S_{\max}$. 当 $\tau^{(r)} \to \tau_0$ 时, 常数 $s_H^{(r)}$ 收敛到 1. 每一个 $\tau^{(r)}$ 在整个区间 $[0, 1]$ 是正则的, 但是 $\tau^{(r)}$ 的绝对连续不变测度随着 $\tau^{(r)} \to \tau_0$ 收敛到 Dirac 测度 $\delta_{(1/2)}$. 因此, 对于此簇映射的不变密度函数, 不存在一致正下界.

我们现在给出一个非线性的 W 状映射, 并计算用来获得下界的所有必需常数. 理论下界大约为 4×10^{-10}, 而计算机模拟表明不变密度的实际下界为 0.54.

例 5.3.2 映射 τ 按如下定义:

$$\tau(x) = \begin{cases} \tau_1(x) := 1 - 40/9x, & 0 \leqslant x < 9/40, \\ \tau_2(x) := 2(x - 9/40), & 9/40 \leqslant x < 9/20, \\ \tau_3(x) := -4(x - 9/16), & 9/20 \leqslant x < 9/16, \\ \tau_4(x) := x^2 + 81/112x - 81/112, & 9/16 \leqslant x < 1. \end{cases}$$

τ 的图像展示在图 5.2 中. 我们可以得到

$$\tau_1'(x) = -40/9, \quad \tau_2'(x) = 2, \quad \tau_3'(x) = -4, \quad \tau_4'(x) = 2x + 81/112;$$

$$s_1 = 40/9, \quad s_2 = 2, \quad s_3 = 4, \quad s_4 = 207/112;$$

$$s = \min\{40/9, s_2 = 2, s_3 = 4, s_4 = 207/112\} = 207/112;$$

$$L(I_1) = L([0, 9/40)) = 9/40, \quad L(I_2) = L([9/40, 9/20)) = 9/40,$$

$$L(I_3) = L([9/20, 9/16)) = 9/80, \quad L(I_4) = L([9/16, 1]) = 7/16;$$

$$\delta = \min\{L(I_1), L(I_2), L(I_3), L(I_4)\} = 9/80;$$

$$\delta_{\max} = \max\{L(I_1) + L(I_2), L(I_2) + L(I_3), L(I_3) + L(I_4)\}$$

$$= \max\{9/20, 27/80, 11/20\} = 11/20;$$

$$s_H = \max\{9/40 + 1/2, 1/2 + 1/4, 1/4 + 112/207\} = 655/828;$$

$$M_1 = 0, \quad M_2 = 0, \quad M_3 = 0, \quad M_4 = 2;$$

$$M = \max\{0, 0, 0, 2\} = 2;$$

$$\gamma = \frac{M}{s^2} + \frac{2}{s \cdot \delta} = 437248/42849;$$

$$\left[\frac{\gamma}{1 - s_H}\right] = \left[\frac{1748992}{35811}\right] = 48;$$

$$S_{\max} = 40/9; \quad L(J_u) = \frac{1}{98}; \quad K = 2.$$

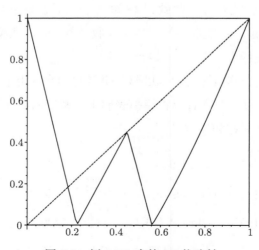

图 5.2   例 5.3.2 中的 W 状映射

借助于推论 5.2.1, 我们可以得到关于任意子区间 J_u 迭代扩张到整个区间 $[0,1]$ 的估计次数 N_u 为:

$$N_u \geqslant \max\left\{\left[\frac{-\ln\left(2\left(\left[\frac{\gamma}{1-s_H}\right]+1\right)\right)-\ln(\delta_{\max})}{\ln(s_H)}\right], 0\right\} + K$$

$$= \left[\frac{\ln(539/10)}{\ln(828/655)}\right] + 1 + 2 = 20.$$

由此我们得到

$$\beta \geqslant \left(2S_{\max}^{N_u}\right)^{-1} = \left(2(40/9)^{20}\right)^{-1} \approx 5.53 \times 10^{-14}.$$

借助于计算机, 我们发现真实值 $N_u = 8$, 这样就能计算出一个更好但可能仍然不太令人满意的估计值 $\beta \geqslant 3.28 \times 10^{-6}$.

5.4　显式收敛常数

在这一节我们假定 $\tau \in \mathcal{T}(\,\mathrm{I}\,)$ 是弱覆盖, 弱混合的分段 C^{1+1} 映射且满足 $s_H < 1$. 特别的, 这意味着定理 5.2.1, 推论 5.2.2 和定理 5.3.1 是成立的. 我们参照 [Liverani, 1995a] 中的方法并加以改进, 从而获得精确的关于收敛速度的常数值. 我们需要借助于 Hilbert 距离, 若想要了解更多这方面的细节, 以及锥集在分段扩张映射理论中的应用, 请参考文献 [Liverani, 1995b], [Baladi, 2000] 和 [Schmitt, 1986].

我们考虑如下的锥集:

$$C_\kappa = \left\{g(x) \in BV(\,\mathrm{I}\,) \mid g(x) \neq 0, \ g(x) \geqslant 0, x \in [0,1]; \bigvee_{[0,1]} g \leqslant \kappa \int_{[0,1]} g \, \mathrm{d}m\right\}.$$

取 $\theta = \eta + \dfrac{\gamma}{\kappa}$, 我们有如下引理.

引理 5.4.1　如果 $\kappa > \dfrac{\gamma}{1-\eta}$, 那么 $\theta < 1$ 且 $P_\tau C_\kappa \subset C_{\theta\kappa}$.

证明　首先, 我们有

$$\theta = \eta + \frac{\gamma}{\kappa} < \eta + \gamma\frac{1-\eta}{\gamma} = 1.$$

如果 $f \in C_\kappa$, 由 (5.8) 式可得

$$\bigvee_{[0,1]} P_\tau f \leqslant \eta \bigvee_{[0,1]} f + \gamma \int_{[0,1]} |f| \mathrm{d}L$$

$$\leqslant (\eta\kappa + \gamma) \int_{[0,1]} |f| \mathrm{d}L$$

$$= \kappa\theta \int_{[0,1]} |f| \mathrm{d}L.$$

$\square$

引理 5.4.1 表明锥集 C_κ 在算子 P_τ 的作用下是不变的. 我们现在定义 C_κ 上的 Hilbert 距离 $\Theta(f, g)$, 对 C_κ 中的函数 f 和 g, 定义

$$\alpha(f, g) = \sup \{\lambda > 0 | \lambda f \leqslant g\},$$

$$\beta(f, g) = \inf \{\mu > 0 | g \leqslant \mu f\},$$

$$\Theta(f, g) = \ln \left[\frac{\beta(f, g)}{\alpha(f, g)}\right],$$

在这里, 如果对应的集合是空集, 则我们取 $\alpha = 0$ 或 $\beta = \infty$.

我们也需要用到如下的引理, 见 [Liverani, 1995a].

引理 5.4.2 若 Θ_κ 是关于锥集 C_κ 的 Hilbert 距离, 那么对 $\nu < 1$ 和 $g \in C_{\kappa\nu}$, 我们有

$$\Theta_\kappa(g, 1) \leqslant \ln \left(\frac{\max \left\{ (1 + \nu) \int_{[0,1]} g \mathrm{d}L, \ \sup_{x \in [0,1]} g(x) \right\}}{\min \left\{ (1 - \nu) \int_{[0,1]} g \mathrm{d}L, \ \inf_{x \in [0,1]} g(x) \right\}} \right).$$

只需稍微修改引理 5.3.1 就可得到下面的引理:

引理 5.4.3 设 $\mathcal{P}^u$ 是将 $[0,1]$ 分成 $2\left(\left[\dfrac{\gamma}{1-\eta}\right] + 1\right)$ 个等长度子区间的一致分割. 那么, 对每一个 $g \in C_\kappa$, 存在 $J_{u^*} \in \mathcal{P}^u$, 使得, 对所有的 $x \in J_{u^*}$,

$$g(x) \geqslant \frac{1}{2} \int_{[0,1]} g \mathrm{d}L.$$

证明 考虑单位化的函数

$$\frac{g(x)}{\displaystyle\int_{[0,1]} g \mathrm{d}L},$$

它是一个密度函数且在 C_κ 中. 引理 5.3.1 表明, 存在 $J_{u^*} \in \mathcal{P}^u$, 使得对所有 $x \in J_{u^*}$

$$\frac{g(x)}{\displaystyle\int_{[0,1]} g\mathrm{d}L} \geqslant \frac{1}{2}.$$

这就完成了引理的证明. $\square$

记 $M(J_{u^*})$ 和 K_1 为性质 5.2.2 和定理 5.2.1 中的数值. 现在, 我们可以证明下面的引理.

引理 5.4.4 对每一个 $\kappa > \dfrac{\gamma}{1-\eta}$, 存在 $N_{u^*} \leqslant M(J_{u^*}) + K_1$ 和 $\Delta > 0$, 使得

$$\mathrm{diam}\left(P_\tau^{N_{u^*}}(C_\kappa)\right) \leqslant \Delta < \infty.$$

证明 取 $g(x) \in C_\kappa$, 引理 5.4.3 表明, 存在 $J_{u^*} \in \mathcal{P}^u$, 使得对所有的 $x \in J_{u^*}$, 我们有

$$\frac{g(x)}{\displaystyle\int_{[0,1]} g\mathrm{d}L} \geqslant \frac{1}{2}.$$

推论 5.2.2 表明, 我们可以找到一个整数 $N_{u^*} \leqslant M(J_{u^*}) + K_1$ 以及点 $y_{u^*} \in J_{u^*}$, 使得 $\tau^{N_{u^*}}(y_{u^*}) = x$. 因此,

$$
\begin{aligned}
\left(P_\tau^{N_{u^*}} g\right)(x) &= \sum_{y \in \tau^{-N_{u^*}}(x)} \frac{g(y)}{|(\tau^{N_{u^*}})'(y)|} \\
&\geqslant \frac{g(y_{u^*})}{|(\tau^{N_{u^*}})'(y_{u^*})|} \\
&\geqslant \frac{\displaystyle\int_{[0,1]} g\mathrm{d}L}{2S_{\max}^{N_{u^*}}} \\
&\geqslant \frac{\displaystyle\int_{[0,1]} g\mathrm{d}L}{2S_{\max}^{M(J_{u^*})+K_1}}.
\end{aligned}
$$

由引理 5.4.1 可得,

$$P_\tau^{N_{u^*}} C_\kappa \subset C_{\theta_1 \kappa},$$

此处,

$$\theta_1 = \eta^{N_{u^*}} + \frac{1-\eta^{N_{u^*}}}{1-\eta}\frac{\gamma}{\kappa}. \tag{5.13}$$

记

$$\omega(g) = \frac{\inf\limits_{x\in[0,1]} \left(P_\tau^{N_{u^*}} g\right)(x)}{\displaystyle\int_{[0,1]} g\mathrm{d}m}.$$

则

$$\frac{1}{2S_{\max}^{M(J_{u^*})+K_1}} \leqslant \omega(g) \leqslant 1.$$

注意到,

$$\bigvee_I P_\tau^{N_{u^*}} g \leqslant \eta^{N_{u^*}} \bigvee_I g + \frac{1-\eta^{N_{u^*}}}{1-\eta} \gamma \int_{[0,1]} g\mathrm{d}L,$$

这表明

$$\frac{\bigvee_I P_\tau^{N_{u^*}} g}{\displaystyle\int_{[0,1]} g\mathrm{d}L} \leqslant \kappa\theta_1.$$

借助于引理 5.4.2, 我们有

$$\operatorname{diam}\left(P_\tau^{N_{u^*}}(C_\kappa)\right)$$

$$\leqslant \sup_{g\in P_\tau^{N_{u^*}}(C_\kappa)} 2\ln \left[\frac{\max\left\{(1+\theta_1)\displaystyle\int_{[0,1]} P_\tau^{N_{u^*}} g\mathrm{d}L, \ \sup\limits_{x\in[0,1]}\left(P_\tau^{N_{u^*}} g\right)(x)\right\}}{\min\left\{(1-\theta_1)\displaystyle\int_{[0,1]} P_\tau^{N_{u^*}} g\mathrm{d}L, \ \inf\limits_{x\in[0,1]}\left(P_\tau^{N_{u^*}} g\right)(x)\right\}}\right]$$

$$\leqslant \sup_{g\in P_\tau^{N_{u^*}}(C_\kappa)} 2\ln \left[\frac{\max\left\{(1+\theta_1)\displaystyle\int_{[0,1]} g\mathrm{d}L, \ \inf\limits_{x\in[0,1]}\left(P_\tau^{N_{u^*}} g\right)(x)+\bigvee_I P_\tau^{N_{u^*}} g\right\}}{\min\left\{(1-\theta_1)\displaystyle\int_{[0,1]} g\mathrm{d}L, \ \inf\limits_{x\in[0,1]}\left(P_\tau^{N_{u^*}} g\right)(x)\right\}}\right]$$

$$\leqslant 2\ln \left[\frac{\max\{1+\theta_1, 1+\kappa\theta_1\}}{\min\left\{1-\theta_1, \dfrac{1}{2S_{\max}^{M(J_{u^*})+K_1}}\right\}}\right] = \Delta.$$

$\square$

由此, 与 [Liverani, 1995a] 相同, 我们可以得到下面的关于相关性衰减定理.

定理 5.4.1　设 $\tau\in\mathcal{T}(\mathrm{I})$ 是弱覆盖, 弱混合的分段 C^{1+1} 映射, 且满足 $s_H < 1$. 那么, 对每一个函数 $f\in\mathcal{L}^1([0,1])$ 和密度函数 $g\in BV([0,1])$, 有

$$\left|\int_{[0,1]} g\cdot f\circ\tau^n\ \mathrm{d}L - \int_{[0,1]} f\mathrm{d}\mu\right| \leqslant K_n\Lambda^n\|f\|_1 \left(1+b\bigvee_{[0,1]} g\right),$$

此处,

$$\Lambda = \tanh \left(\frac{\Delta}{4} \right)^{\frac{1}{N_{u^*}}},$$

$$K_n = \left\{ \exp \left[\Delta \Lambda^{n-N_{u^*}} \right] \right\} \Lambda^{-N_{u^*}} \Delta ||\phi||_\infty,$$

$$b = \left(\kappa - \frac{\gamma}{1-\eta} \right)^{-1}.$$

需要注意的是,

$$\phi \leqslant \bigvee_{[0,1]} \phi + \frac{||\phi||_1}{1-0} \leqslant \kappa + 1,$$

又因 $\Lambda < 1$, 我们有

$$\lim_{n \to \infty} K_n \leqslant \Lambda^{-N_{u^*}} \Delta (\kappa + 1).$$

虽然我们可能没有一个关于 N_{u^*} 的具体公式, 但我们可以借助于性质 5.2.2, 给出它的上界.

在 [Liverani, 1995a] 中, 结合一个例子, 所有这些关于收敛速度的常数都被一一计算出来. 我们也对这一例子进行计算而获得同样的常数值. 对于那些有固定斜率, 或者不带有转折周期点的映射来说, 我们的方法并不比文献 [Liverani, 1995a] 或 [Keller, 1999] 好很多. 接下来, 我们继续讨论例 5.3.2, 而对于该例中的映射, 文献 [Liverani, 1995a] 和 [Keller, 1999] 中的方法是不能使用的.

例 5.3.2 (续) 我们使用直接计算出来的数 $N_{u^*} = 8$. 我们有

$$\frac{\gamma}{1-\eta} = \frac{\gamma}{1-s_H} = \frac{1748992}{35811}.$$

取 $\kappa = \dfrac{1748995}{35811}$. 由 (5.13) 式可得, $\theta_1 \sim 0.9999985478$ 且

$$\Delta = 2 \ln \left((1 + \kappa \theta_1) 2 S_{\max}^{N_{u^*}} \right) \sim 33.07038934.$$

由此, $\Lambda \sim 0.9999999835$, $b = 11937$ 且 $K_n \leqslant \sim 1648 \exp(33 \cdot 0.9999999835^{n-8})$.

因为定理 5.4.1 中的所有常数都是精确的, 我们可以得到一个关于映射簇的类似定理.

定理 5.4.2 假设映射簇 $\{\tau^{(r)}\}$ 满足定理 5.3.2 中的假设条件. 此外, 如果所有的映射 $\tau^{(r)}$ 是弱混合的, 且它们有定理 5.2.1 中的一致常数 K_1, 那么, 定理 5.4.1 对映射簇 $\{\tau^{(r)}\}$ 也成立, 且有一致的常数 Λ, b 和 K_n.

第6章　调和平均斜率条件与绝对连续
不变测度的稳定性

6.1　简　　述

这一章的主要目标是, 对一些带有转折不动点或转折周期点的映射, 证明其绝对连续不变测度的稳定性. 例如, 前几章中所讨论到的 W 状映射. 在文献 [Keller, 1982] 中, 作者首次注意到了由转折周期点所引起的研究难度. 我们将要研究比 W 状映射更广泛的映射类.

在四十多年以来, Lasota-Yorke 不等式 (参见 [Lasota and Yorke, 1973; Boyarsky and Góra, 1997]), 在我们证明绝对连续不变测度的存在性以及研究这些测度的相关性质中, 起着十分关键的作用. 具体地说, 当我们假定一个分段扩张映射 $\tau: I \to I$, Lasota-Yorke 的方法需要我们观察映射 τ 的某次迭代 τ^n, 以保证条件

$$\inf |(\tau^n)'| > 2$$

成立. 然后, 在证明过程中, τ^n 的分割 $\mathcal{P}^{(n)}$ 中最短的区间的长度会出现在 Lasota-Yorke 不等式中某一项的分母. 这一方法想要生效, 需要我们所讨论的单个映射或映射簇中的所有映射, 其第 n 次迭代的最小斜率的绝对值要一致远离 2. 此种情形下, 关于绝对连续不变测度的稳定性在 [Keller, 1982; Keller and Liverani, 1999] 中进行了讨论. 然而, 在其他一些重要的情况下, 上述条件并不成立. 例如, 我们前几章中所考虑的 W 状映射, 在那些例子中, 映射簇的极限映射在转折不动点 1/2 处斜率的绝对值等于 2. 在这种情况下, 前面提到的标准 Lasota-Yorke 不等式方法不再适用于逼近映射簇. 这是因为当我们取这些映射的某次迭代来增加斜率时, 分割中存在长度趋于零的分割区间. 文章 [Eslami and Misiurewicz, 2012; Li et al., 2013] 阐述了这个映射的绝对连续不变测度的不稳定性. 在第 3 章, 我们讨论了一个更为一般的 W 状映射, 其结果启发了调和平均斜率条件的引入.

借助于映射相邻两个分支调和平均斜率, 而不是映射的最小斜率, Lasota-Yorke 不等式在 [Eslami and Góra, 2013] 得到了改进. 这一结果有助于我们来证明更多映射的绝对连续不变测度的稳定性. [Eslami and Góra, 2013] 中关于映射的光滑性假设是分段 C^{1+1} 的.

在这一章, 我们将调和平均斜率条件的使用推广到具有更弱光滑性质的映射上. 具体地说, 我们只假设映射导数的倒数满足可加振荡条件. 不同于 [Eslami and Góra, 2013], 我们不使用有界变差法. 我们的主要工具是 Rychlik 定理 (参见 [Boyarsky and Góra, 1997]). 我们将证明一簇扰动映射的不变密度函数构成了 L^∞ 中的一个一致有界集, 这就意味着该集合是 L^1 弱紧集. 由这一紧性, 我们可以得到极限映射绝对连续不变测度的稳定性.

在 6.2 节, 我们将定义所要讨论的映射类, 并介绍调和平均斜率条件. 然后, 我们引入 Rychlik 定理 ([Boyarsky and Góra, 1997, Theorem 6.2.1]). 在 6.3 节, 我们重新证明 Rychlik 定理以方便我们使用. 我们进一步指出, 调和平均斜率条件足以保证 Rychlik 定理成立. 在 6.4 节, 我们将证明本章的主要结论, 该结论揭示了扰动映射簇的不变密度函数在 L^1 中是弱紧的. 由此即可证明极限映射的绝对连续不变测度的稳定性. 这一方法适用于其它文章中无法解决的例子. 在 6.5 节, 我们给出了一个例子.

本章 6.2, 6.3 和 6.4 节中的结果, 经过修改发表在文章 [Góra et al., 2012a] 中.

6.2 记号的引入和一些初步结论

记 $I = [0,1]$, L 为 I 上的 Lebesgue 测度. 在这一章中, 我们考虑分段扩张函数 $\tau \in \mathcal{T}(I)$, 关于 $\mathcal{T}(I)$ 的定义, 参见定义 5.2.1. 该定义中的条件 (II) 在本章被加强为:

$(II')\tau_i := \tau|_{I_i}$ 是 C^1 的, 且 $\lim_{x \to a_{i-1}^+} \tau'(x)$, $\lim_{x \to a_i^-} \tau'(x)$ 存在, 记 $M = \max_{x \in I} |\tau'(x)|$.

s 和 s_H 分别被定义在 (5.2) 式和 (5.3) 式中. 调和平均斜率条件即为第 5 章中定义. 记

$$\delta := \min_{2 \leqslant i \leqslant q-1} L(I_i). \tag{6.1}$$

需要注意的是, 要计算 δ, 我们不需要分割的第一和最后一个子区间.

记

$$g_n = \frac{1}{|(\tau^n)'|},$$

此处 $(\tau^n)'$ 为导数或单侧导数以保证其定义. 记

$$\mathcal{P}^{(n)} = \bigvee_{i=0}^{n-1} \tau^{-i}(\mathcal{P}).$$

注意到 $\mathcal{P} = \mathcal{P}^{(1)}$. 对区间 $[a,b]$ 的任意一个可测子集 A, 我们记

$$\mathcal{P}(A) = \{J \in \mathcal{P} : \lambda(J \cap A) > 0\}.$$

同时, 也记 $\gamma_n = \sum_{J \in \mathcal{P}^{(n)}} \sup_J g_n$.

对 $J \in \mathcal{P}^{(n)}$, 我们定义

$$\mathrm{osc}_J \frac{1}{|\tau'|} = \max_J \frac{1}{|\tau'|} - \min_J \frac{1}{|\tau'|}$$

且

$$d_n = \max_{J \in \mathcal{P}^{(n)}} \mathrm{osc}_J \frac{1}{|\tau'|}.$$

定义 6.2.1　我们称一个映射 $\tau \in \mathcal{T}(\mathrm{I})$ 满足可加振荡条件, 并记为 $\tau \in \mathcal{T}_\Sigma(\mathrm{I})$, 如果

$$\sum_{n \geqslant 1} d_n \leqslant D < +\infty.$$

需要注意的是, 通常的可加振荡条件表示一个关于 $|\tau'|$ 的类似条件, 参见 [Góra, 1994], 但我们这里是对 $\frac{1}{|\tau'|}$ 给出定义.

例如, 下面的映射都满足这一条件:

(i) 分段 $C^{1+\varepsilon}$ 映射, 即, 导数有界且满足 Hölder 条件;

(ii) 分段映射且满足 Collet 条件 [Collet and Eckmann, 1985], 即, i.e, τ' 的连续模, 当 $t \to 0$ 时, 对某 $K, \gamma > 0$, 满足

$$\omega(t) \leqslant \frac{K}{(1 + \log|t|)^{1+\gamma}};$$

(iii) 满足 Schmitt 条件 [Schmitt, 1986, Góra, 1994] 的映射, 即, $|\tau'|$ 的可加振荡条件.

6.3 有关 Rychlik 定理的主要结论

首先我们引述 Rychlik 定理. 其证明可以在 [Rychlik, 1983] 或 [Boyarsky and Góra, 1997, Theorem 6.2.1] 中找到.

定理 6.3.1 设 τ 是区间 $[a, b]$ 上的一个分段单调映射, 满足以下三个条件:

(i) 存在 $d > 0$ 使得, 对任意的 $n \geqslant 1$ 和任意 $J \in \mathcal{P}^{(n)}$, 有

$$\sup_J g_n \leqslant d \cdot \inf_J g_n;$$

(ii) 存在 $\varepsilon > 0$ 和 $r \in (0, 1)$ 使得, 对任意 $n \geqslant 1$ 和 $J \in \mathcal{P}^{(n)}$, 有

$$L(\tau^n(J)) < \varepsilon \Rightarrow \sum_{J' \in \mathcal{P}(\tau^n(J))} \sup_{J'} g \leqslant r;$$

(iii) $\gamma_1 = \sum_{J \in \mathcal{P}} \sup_J g < +\infty$.

那么, τ 有绝对连续不变测度. 此外, 如果 f 是 τ 的不变密度函数, 那么

$$\|f\|_\infty \leqslant \gamma_1 \frac{d}{\varepsilon(1 - r)}. \tag{6.2}$$

下面的定理表明我们所要讨论的映射能够满足 Rychlik 定理的条件.

定理 6.3.2 如果 $\tau \in \mathcal{T}_\Sigma$ 且满足调和平均斜率条件 $s_H < 1$, 那么它就满足 Rychlik 定理中的三个条件.

证明 条件 (i): 需要注意的是 $\sup g \leqslant \dfrac{1}{s}$. 设 $J \in \mathcal{P}^{(n)}, x, y \in J$. 我们有

$$\frac{g_n(x)}{g_n(y)} = \frac{g(\tau^{n-1}(x))g(\tau^{n-2}(x)) \cdots g(\tau(x))g(x)}{g(\tau^{n-1}(y))g(\tau^{n-2}(y)) \cdots g(\tau(y))g(y)}.$$

对任意的 $k = 0, \cdots, n - 1$, 可知 $\tau^k(x)$ 和 $\tau^k(y)$ 属于 $\mathcal{P}^{(n-k)}$ 中的同一个区间 J_k. 借助于下面的不等式

$$\frac{a}{b} = 1 + \frac{a - b}{b} \leqslant \exp\left(|\frac{a - b}{b}|\right),$$

我们可以得到

$$\frac{g(\tau^k(x))}{g(\tau^k(y))} \leqslant \exp\left(\frac{1}{g(\tau^k(x))}|g(\tau^k(x)) - g(\tau^k(y))|\right)$$
$$\leqslant \exp(M d_{n-k}),$$

进而,

$$\frac{g_n(x)}{g_n(y)} \leqslant \exp\left(M \sum_{k=0}^{n-1} d_{n-k}\right) \leqslant \exp\left(M \cdot D\right).$$

由此, 条件 (i) 对下面的 d 成立:

$$d = \exp\left(M \cdot D\right).$$

现在我们借助于调和平均斜率条件来证明条件 (ii): 记 $\varepsilon = \frac{1}{2}\delta$, $r = s_H < 1$. 特别需要留意的是, 我们不需要使用分割的第一和最后一个区间来定义 δ. 只需注意到, 对任意的 $J' \in \mathcal{P}^{(n)}$, $\tau^n(J')$ 是一个区间; 且如果 $L(\tau^n J') < \varepsilon$, 那么 $\tau^n(J')$ 最多与 $\mathcal{P}$ 中的两个区间相交. 因此,

$$\sum_{J \in \mathcal{P}(\tau^n J')} \sup g \leqslant s_H = r < 1.$$

条件 (iii) 由分段扩张映射的定义自动满足. 定理的证明到此结束. □

注 6.3.1　需要注意的是, 在上面的定理证明中, 如果我们使用通常关于 $|\tau'|$ 的可加振荡条件 (参见 [Góra, 1994]), 我们则可以得到

$$\frac{g(\tau^k(x))}{g(\tau^k(y))} = \frac{\dfrac{1}{g(\tau^k(y))}}{\dfrac{1}{g(\tau^k(x))}}$$

$$\leqslant \exp\left(g\left(\tau^k(x)\right)\left|\frac{1}{g(\tau^k(x))} - \frac{1}{g(\tau^k(y))}\right|\right)$$

$$\leqslant \exp\left(\frac{1}{s} d_{n-k}\right),$$

由此,

$$\frac{g_n(x)}{g_n(y)} \leqslant \exp\left(\frac{1}{s} \sum_{k=0}^{n-1} d_{n-k}\right) \leqslant \exp\left(\frac{D}{s}\right).$$

所以定理 6.3.1 中的条件 (i) 在

$$d = \exp\left(\frac{D}{s}\right)$$

时成立.

6.4 映射簇的绝对连续不变测度的稳定性

我们此章讨论的重点是, 对具有转折不动点或转折周期点的映射, 证明其绝对连续不变测度的稳定性. 一般的条件设定如下: 设 τ_0 是一个有不变密度函数的映射 f_0, $\{\tau_\gamma\}_{\gamma>0}$ 是一簇映射, 它们的不变密度函数为 $\{f_\gamma\}$, 且当 $\gamma \to 0$ 时, τ_γ 按照某种距离收敛到 τ_0. 我们的问题是: 什么条件能够得到 $f_\gamma \to f_0$ 按照某种范数? 这样的问题在许多文献中都已经得到了研究, 但用的都是有限变差的方法, 例如 [Keller, 1982, Keller and Liverani, 1999].

定理 6.4.1 设映射簇

$$\{\tau_\gamma\}_{\gamma>0} \subset \mathcal{T}_\Sigma$$

一致满足 Rychlik 定理的假设条件, 即, 对应同样的常数, 当 $\gamma \to 0$ 时, τ_γ 几乎一致收敛到 τ_0. 如果 τ_0 仅有一个绝对连续不变测度, 那么当 $\gamma \to 0$ 时, 在 $\mathcal{L}^1$ 中, $f_\gamma \to f_0$. 在一般情形下, 当 $\gamma \to 0$ 时, 函数簇 $\{f_\gamma\}$ 的每一个极限点都是 τ_0 的不变密度函数.

证明 该定理的证明直接来自于 [Boyarsky and Góra, 1997] 中的定理 11.2.3, 我们将在下面引述该定理并做一些相应的修改. □

定理 6.4.2 设 $\tau_\gamma \in \mathcal{T}(\mathrm{I})$, $\gamma \geqslant 0$. 并假设其不变密度函数集 $\{f_\gamma\}_{\gamma\geqslant0}$ 在 L^∞ 中是一致有界的. 如果随着 $\gamma \to 0$, 几乎一致的有 $\tau_\gamma \to \tau_0$, 那么当 $\gamma \to 0$ 时, 每一个 $\{f_\gamma\}_{\gamma>0}$ 的极限点是 τ_0 的不变密度函数. 如果 $(\tau_0, f \cdot L)$ 是遍历的, 那么在 $\mathcal{L}^1$ 中, $f_\gamma \to f_0$.

现在我们给出适用于定理 6.4.1 的两种映射簇.

命题 6.4.1 设 $\tau_0 \in \mathcal{T}_\Sigma$ 满足调和平均斜率条件 $s_H < 1$. 假设 τ_γ 定义在相同的分割 $\mathcal{P} = \{I_1, I_2, \cdots, I_q\}$ 上且当 $\gamma \to 0$, 在每一个空间 $C^1(\mathrm{int}(I_i))$ 上,

$$\tau_\gamma \to \tau_0,$$

对所有 $i = 1, 2, \cdots, q$. 我们也假定映射簇 $\{\tau_\gamma\}_{\gamma\geqslant0}$ 一直满足可加振荡条件. 那么, 映射簇 $\{\tau_\gamma\}_{\gamma\geqslant0}$ 满足定理 6.4.1 中的所有假设条件.

命题 6.4.2　设 $\tau_0 \in \mathcal{T}_\Sigma$ 满足调和平均斜率条件 $s_H < 1$. 假设每一个 τ_γ 在分割

$$\mathcal{P}_\gamma = \{I_0^{(\gamma)}, I_1^{(\gamma)}, \cdots, I_{q+1}^{(\gamma)}\}$$

上是分段扩张的, 其中,

$$I_i^{(\gamma)} = [a_{i-1}^{(\gamma)}, a_i^{(\gamma)}], \quad i = 0, 1, 2, \cdots, q+1.$$

我们允许出现 $I_0^{(\gamma)}$ 或 $I_{q+1}^{(\gamma)}$ 是空的, 或两者均为空的. 假设当 $\gamma \to 0$ 时,

$$a_i^{(\gamma)} \to a_i^{(0)}, \quad i = 0, 1, 2, \cdots, q.$$

同时, 我们要求当 $\gamma \to 0$ 时,

$$a_{-1}^{(\gamma)} \to a_0^{(0)}$$

且

$$a_{q+1}^{(\gamma)} \to a_q^{(0)}.$$

此外, 我们也假定映射簇 $\{\tau_\gamma\}_{\gamma \geqslant 0}$ 一致满足可加振荡条件和调和平均斜率条件. 如果当 $\gamma \to 0$ 时, 几乎一致的有 $\tau_\gamma \to \tau_0$, 那么映射簇 $\{\tau_\gamma\}_{\gamma \geqslant 0}$ 满足定理 6.4.1 中的假设条件.

借助于额外较强的条件, [Góra and Boyarsky, 1989c] 对映射簇获得了和上面相同的结果. 其中的两个 [Góra and Boyarsky, 1989c] 中的较强的假设条件是:

(i) 存在一个常数 $\delta > 0$ 使得, 对映射簇中的任意一个映射 τ_γ, 存在一个有限分割 $\mathcal{K}_\gamma$, 使得对任意 $J \in \mathcal{K}_\gamma$, $\tau_\gamma|_J$ 是 $1-1$ 的, $\tau_\gamma(J)$ 是一个区间, 且

$$\min_{J \in K_\gamma} \operatorname{diam}(J) \quad > \quad \delta.$$

(ii) 对任意 $m \geqslant 1$, 存在 $\delta_m > 0$ 使得, 如果

$$\mathcal{K}_\gamma^{(m)} = \bigvee_{j=0}^{m-1} \tau_\gamma^{-j}(\mathcal{K}_\gamma)$$

成立, 那么

$$\min_{J \in K_\gamma^{(m)}} \operatorname{diam}(J_m) \geqslant \delta_m > 0.$$

这些条件意味着映射簇的不变密度集在 L^1 中是弱紧的, 从而可以证明相关的稳定性.

6.5 例   子

本章的主要结论可以帮助我们来解决文章 [Eslami and Misiurewicz, 2012] 中提出的例子, 该映射也在 [Pendev, 2012] 中进行了研究.

例 6.5.1   定义映射 τ_γ, $0 \leqslant \gamma < \varepsilon_0 < 1/2$ 如下:

$$
\tau_\gamma(t) = \begin{cases} \dfrac{1}{2} - \gamma + (1 + 2\gamma)t, & 0 \leqslant t < \dfrac{1}{2}; \\ 2 - 2t, & \dfrac{1}{2} \leqslant t \leqslant 1. \end{cases}
$$

τ_0 的图像见图 6.1, 它是正则的且有不变密度函数

$$
f_0 = \frac{2}{3}\chi_{[0,1/2]} + \frac{4}{3}\chi_{[1/2,1]}.
$$

当考虑扰动映射簇 $\{\tau_\gamma\}_{\gamma>0}$ 时, 该密度函数所定义的绝对连续不变测度是否稳定? τ_0 有一个转折点 $1/2$, 且该点是一个周期为 3 的周期点. 以往的方法并不能够解决这一问题.

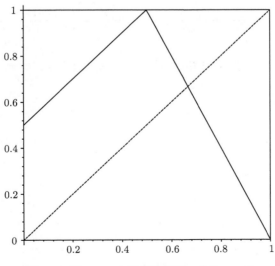

图 6.1   例 6.5.1 中映射的图像, 此处 $\gamma = 0$

我们将考虑第三次迭代映射簇 $\{\tau_\gamma^3\}_{\gamma>0}$. τ_0^3 展示在图 6.2(a) 中, 一个具有代表

性的 τ_γ^3 展示在图 6.2(b) 中. 沿用本章中的记号, τ_γ^3 各分支的斜率是:

$$s_1 = s_3 = s_7 = 2 + 8\gamma + 8\gamma^2,$$

$$s_2 = s_4 = s_6 = 4 + 8\gamma,$$

$$s_5 = 8.$$

因为 τ_0 是正则的, 所以 τ_0^3 也是正则的, 且它们有相同的绝对连续不变测度, 同时, τ_0^3 绝对连续不变测度的稳定性意味着 τ_0 的稳定性. 容易验证映射簇 $\{\tau_\gamma^3\}_{\gamma>0}$ 满足性质 6.4.2 中的所有条件. 因此, τ_0 由稳定的绝对连续不变测度.

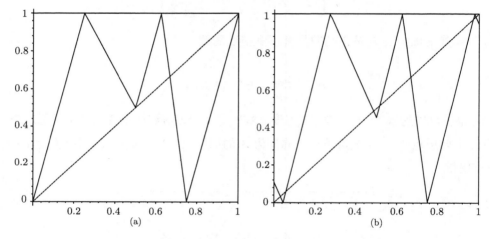

图 6.2   例 6.5.1 中映射的第三次迭代; (a) τ_0^3, (b) $\tau_{0.05}^3$

参 考 文 献

Baladi V, 2000. Positive transfer operators and decay of correlations. Advanced Series in Nonlinear Dynamics, Volume 16. World Scientific Publishing Co. Inc., River Edge, NJ.

Baladi V, Smania D, 2010. Alternative proofs of linear response for piecewise expanding unimodal maps. Ergod. Th. & Dynam. Sys., 30: 1–20.

Birkhoff G D. 1931. Proof of the ergodic theorem. Proc. Natl. Acad. Sci. USA, 17: 656–660.

Boyarsky A, Góra P, 1997. Laws of Chaos. Invariant Measures and Dynamical Systems in One Dimension. Birkhäuser, Boston, MA.

Collet P, Eckmann J P, 1985. Measures invariant under mappings of the unit interval. Regular and Chaotic Motions in Dynamic Systems, edited by G. Velo, A.S. Wightman, NATO ASI Series, Series B: Physics, 118:233–265.

Dellnitz M, Froyland G, Seertl S, 2000. On the isolated spectrum of the perron-frobenius operator. Nonlinearaity, 13: 1171–1188.

Devaney R L. 2003. An Introduction to Chaotic Dynamical Systems. Westview Press.

Eslami P, Góra P, 2013. Stronger Lasota-Yorke inequality for piecewise monotonic transformations. Proceedings of the American Mathematical Society, 141: 4249–4260.

Eslami P, Misiurewicz M, 2012. Singular limits of absolutely continuous invariant measures for families of transitive maps. Journal of Difference Equations and Applications, 18: 739–750.

Froyland G, Stančević O, 2010. Escape rates and perron-frobenius operators: Open and closed dynamical systems. Discrete and Continuous Dynamical Systems-Series B, 14: 457–472.

Gonzaléz-Tokman C, Hunt B R, Wright P, 2011. Approximating invariant densities of metastable systems. Ergod. Th. & Dynam. Sys., 31: 1345–1361.

Góra P, 1979. On small stochastic perturbations of one-sided subshift of finite type. Ergod. Th. & Dynam. Sys., 27:47–51.

Góra P, 1994. Properties of invariant measures for piecewise expanding one-dimensional transformations with summable oscillations of derivative. Ergod. Th. & Dynam. Sys., 3: 475–492.

Góra P, 2009. Invariant densities for piecewise linear maps of interval. Ergod. Th. & Dynam. Sys., 29: 1549–1583.

Góra P, Boyarsky A, 1989a. Absolutely continuous invariant measures for piecewise expanding C^2 transformations in R^N. Israel Jour. Math., 67: 272–286.

Góra P, Boyarsky A, 1989b. Approximating the invariant densities of transformations with infinitely many pieces on the interval. Proc. Amer. Math. Sot., 105: 922–928.

Góra P, Boyarsky A, 1989c. Compactness of invariant densities for families of expanding, piecewise monotonic transformations. Can. J. Math., 41: 855–869.

Góra P, Li Z, Boyarsky A, 2012a. Harmonic average of slopes and the stability of ACIM. J. Math. Anal. Appl., 396: 1–6.

Góra P, Li Z, Boyarsky A, Proppe H, 2012b. Harmonic averages and new explicit constants for invariant densities of piecewise expanding maps of interval. J. Stat. Phys., 146: 850–863.

Keller G, 1978. Piecewise monotonic transformations and exactness. Seminar on Probability (Rennes French), Univ. Rennes, Rennes, pages Exp. No. 6, 32.

Keller G, 1982. Stochastic stability in some chaotic dynamical systems. Monatshefte für Mathematik, 94: 313–333.

Keller G, 1999. Interval maps with strictly contracting perron-frobenius operators. Internat. J. Bifur. Chaos Appl. Sci. Engrg., 9: 1777–1783.

Keller G, Liverani C, 1999. Stability of the spectrum for transfer operators. Ann. Scuola Norm. Sup. Pisa Cl. Sci., 28: 141–152.

Kowalski Z S, 1979. Invariant measures for piecewise monotonic transformation has a positive lower bound on its support. Bull. Acad. Polon. Sci., Series des sciences mathematiques, 27: 53–57.

Lasota A, Yorke J A, 1973. On the existence of invariant measures for piecewise monotonic transformations. Trans. Amer. Math. Soc., 186: 481–488.

Li T Y, Yorke J A, 1978. Ergodic transformations from an interval into itself. Trans. Amer. Math. Soc., 235: 183–192.

Li Z, 2013. W-like maps with various instabilities of acim's. Int. J. Bifurcation and Chaos, 23. doi: 10.1142/S021812741350079X.

Li Z, Góra P, 2012. Instability of the isolated spectrum for W−shaped maps. Ergod. Th. & Dynam. Sys.. doi: 10.1017/S0143385712000223.

Li Z, Góra P, Boyarsky A, Proppe H, and Eslami P., 2013 Family of piecewise expanding maps having singular measure as a limit of ACIM's. Ergod. Th. & Dynam. Sys., 33: 158–167.

Liverani C, 1995a. Decay of correlations for piecewise expanding maps. Jour. Statistical Physics, 78: 1111–1129.

Liverani C, 1995b. Decay of correlations. Ann. of Math., 142: 239–301.

Lorenz E., 1963 Deterministic nonperiodic flow. Journal of the Atmospheric Sciences, 20: 130–141.

Murray R, 2005. Approximation of invariant measures for a class of maps with indifferent fixed points. University of Waikato, Mathematics Research Report Series II, 106.

Pendev I, 2012. On the stability of the absolutely continuous invariant measures of a certain class of maps with deterministic perturbation. Master's thesis, Concordia University.

Rychlik M R, 1983. Invariant measures and the variational principle for Lozi mappings. PhD thesis, University of California, Berkeley.

Schmitt B, 1986. Contributions a l'étude de systemes dynamiques unidimensionnels en théorie ergodique. PhD thesis, University of Bourgogne.